智能制造类产教融合人才培养系列教材

基于增材思维的创成式正向设计

主编　刘新宇　周　祺　修　鹏
参编　罗　斌　梁若愚　朱小宝
　　　李　元　张志森

机械工业出版社

本书基于增材制造技术，结合智能设计的先进技术和创新方法，引入注重因果关系和完整设计流程的正向式设计思想和方法——创成式正向设计方法。本书阐述了创成式体系和方法，创新设计方法论和系统工程基本方法；讲授了包括 CAD/CAE 工具的设计、仿真、优化、制造一体化的解决方案，倡导用知识工程管理学、信息论、控制论等方法将高密度、多维度的学科知识应用于多类型的设计活动。

本书旨在通过知识框架建设，实现启发式教学，帮助学生沿正向设计的流程掌握增材制造技术与设计思维，TRIZ 科学创新方法论，MBSE 系统工程基本方法，机械设计、工业设计、设计仿真优化一体化，常用 CAD/CAE 创成式软件操作技能，仿生学与 AI 算法，社区化设计理念和生成式编程设计思想。本书得到国家自然科学基金 11932017 支持。

本书可作为机械设计制造及自动化、增材制造技术、智能制造装备技术及工业设计等专业教材，也适合开发创新思维的工程师、设计师阅读并作为深造的参考用书。

为便于教学，本书配套有电子课件、微课视频、习题答案等教学资源，凡选用本书作为授课教材的教师可登录 www.cmpedu.com，注册后免费下载。

图书在版编目（CIP）数据

基于增材思维的创成式正向设计/刘新宇，周祺，修鹏主编. —北京：机械工业出版社，2024.1
智能制造类产教融合人才培养系列教材
ISBN 978-7-111-74200-5

Ⅰ.①基⋯　Ⅱ.①刘⋯　②周⋯　③修⋯　Ⅲ.①快速成型技术-影响-智能制造系统-系统设计-教材　Ⅳ.①TP391.72

中国国家版本馆 CIP 数据核字（2023）第 217114 号

机械工业出版社（北京市百万庄大街 22 号　邮政编码 100037）
策划编辑：黎　艳　　　　　　责任编辑：黎　艳
责任校对：王荣庆　张昕妍　　封面设计：张　静
责任印制：张　博
北京建宏印刷有限公司印刷
2024 年 2 月第 1 版第 1 次印刷
184mm×260mm · 12.75 印张 · 314 千字
标准书号：ISBN 978-7-111-74200-5
定价：45.00 元

电话服务　　　　　　　　　　网络服务
客服电话：010-88361066　　　机 工 官 网：www.cmpbook.com
　　　　　010-88379833　　　机 工 官 博：weibo.com/cmp1952
　　　　　010-68326294　　　金 书 网：www.golden-book.com
封底无防伪标均为盗版　　机工教育服务网：www.cmpedu.com

前言

创造力是人类与生俱来的天赋，孩童时代创造力如同一颗种子，慢慢通过科学思想和教育的滋养培育长大。创造力是一种理性与感性的交汇，一种规范和拓展的融合，也是发散思维和科学执行的并举。培养创造力是国家新产业能够脱离桎梏，积极进取的关键因素。

增材制造技术正处于一个关键的历史进程阶段，其广泛的适用性，使它从科学基础、工程化应用到产业化开发生产、质量控制、数字化实现等方方面面都进行着升级。在思考如何用好这些先进技术和市场上纷繁的工具载体时，可能需要有一个总体可规划的设计思想和方法。这个思想一方面要有坚实的自然科学基础，并且实践多学科的协同创新，另一方面在掌握先进工具的多元法则中蕴含着共性的正向设计流程。增材制造技术在快速发展的同时，仍缺乏增材制造产品的质量标准和体系，这是限制增材制造技术发展的重要因素。增材制造技术的发展和充分应用，需要多学科协同的应用型专业人才，这就要求把握人才培养的中心思想与精髓，着力于不断创新培养模式，拓宽人才培养途径，优化人才知识结构，提高人才培养的质量和水平，努力形成各类人才辈出、创新人才不断涌现的局面。

创成式正向设计是以系统工程的科学方法，研究创新产品和系统改进升级、技术研发和原创设计，是一种注重因果关系和完整设计流程的设计思想和方法。本书从源头解析设计意图和方法，通过创成式体系和方法，使用软件工具生成潜在的可行性设计方案的数学模型或工程模型，对比、筛选后得到最终设计方案与决策。

本书亮点：帮助学生沿正向设计的流程掌握增材制造技术与设计思维，TRIZ 科学创新方法论，MBSE 系统工程基本方法，机械设计、工业设计、设计仿真优化一体化，常用CAD/CAE 创成式软件操作技能，仿生学与 AI 算法，社区化设计理念和生成式编程设计思想。本书具备创新理论的深度，通过相关专业课程的学习结合企业实践，配合企业云平台教育生产一体化方案，能够帮助使用者提高产品设计能力和产品优化能力。

本书可以采用模块化组合（见下图），方便任课教师自由组合课程学时。五大模块采用

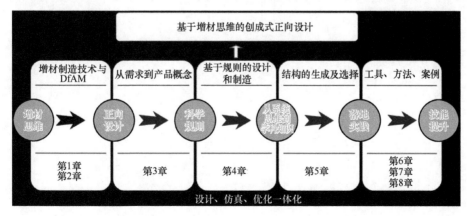

系统工程方法整合了产品设计开发的一体化流程，建模过程吸收后现代主义思想，实现自然科学、信息科学与结构艺术的结合，同时兼顾复杂产品设计开发、仿真驱动设计、新型机构概念设计等内容。

本书由安世亚太公司具有丰富教学经验和实践能力的专业教师、企业工程师共同编写。在编写过程中，编者参阅了国内外出版的有关教材和诸多科研文献，并得到安世亚太公司从事创成式正向设计的张效军老师、河北科技大学杨光教授等业内专家的指导，在此一并表示衷心感谢！

由于编者水平有限，书中不妥之处在所难免，恳请读者批评指正。

编　者

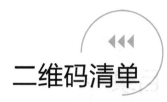
名称	图形	名称	图形
增材制造技术简介		增材制造技术引发的设计发展	
增材设计思维		增材制造在生产领域的典型应用	
从需求到产品概念		创成式正向设计软件概述	
需求分析方法		面向子功能的概念设计和概念的模型化表达	

目录

绪　　论

0.1　增材制造技术简介

0.1.1　增材制造概念

增材制造概念的阐述可以从"广义"和"狭义"两个角度出发，如图 0-1 所示。从"广义"的角度出发，增材制造的基本特征是材料的累加，它是以直接制造零件为目标的大范畴技术群。而从"狭义"的角度出发，增材制造是指不同的能量源与 CAD（Computer Aided Design，计算机辅助设计)/CAM（Computer Aided Manufacturing，计算机辅助制造）技术结合、分层累加材料的技术体系。

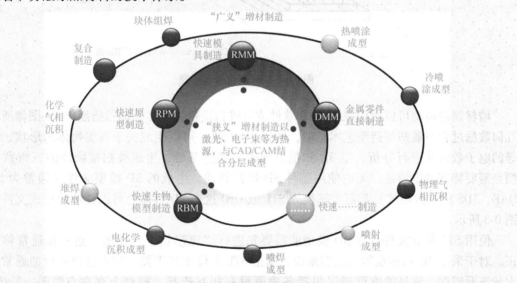

图 0-1　增材制造概念

目前，围绕增材制造出现了许多称谓：快速成型（Rapid Proto-typing）、直接数字制造（Direct Digital Manufacturing）、增量制造（Additive Fabrication）、3D 打印（3D-Printing）、实体自由制造（Solid Free-form Fabrication）、增层制造（Additive Layer Manufacturing）等。2009 年，美国材料与试验协会（ASTM）专门成立了 F42 委员会，这是最早成立的增材制造技术委员会的标准化协会组织，它将各种以材料堆积为特征的加工技术统称为增材制造技术，在国际上取得了广泛认可与应用。

0.1.2 原理与流程

实际上，在日常生产、生活中类似"增材"的例子有很多，例如：机械加工的堆焊、建筑物（楼房、桥梁、水利大坝等）施工中的混凝土浇筑、陶瓷回转体成型等。增材制造的基本原理就是将三维物体的模型模拟成若干个二维的薄片状平面层，然后利用设备分别制造各薄片层，并逐层堆积，最终完成所需的三维零件，如图 0-2 所示。

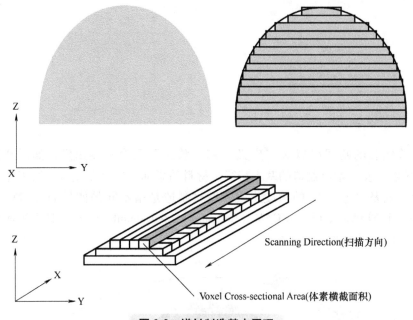

图 0-2 增材制造基本原理

增材制造模型可以使用三维 CAD 软件或三维扫描仪生成。手动扫描制作 3D 图像所需的几何数据过程与雕塑等造型艺术类似，通过 3D 扫描，可以生成关于真实物体的形状、外表等的电子数据并进行分析。以 3D 扫描得到的数据为基础，生成被扫描物体的三维数字模型。需要特别指出的是，无论使用哪种 3D 建模软件，生成的 3D 模型文件（通常为 SKP、DAE、3DS 或其他格式）都需要转换成 STL 或 OBJ 这类 3D 打印机可以读取的格式文件，如图 0-3 所示。

使用 STL 格式文件打印 3D 模型前需要先进行"流形错误"检查，这一步通常称为修正。对于采用 3D 扫描获得的模型来说，修正 STL 文件尤其重要，因为这样的模型通常会有大量流形错误。常见的流形错误包括各表面没有相互连接、模型上存在空隙等。Netfabb、Meshmixer、Cura 和 Slic3r 都是常见的修正软件。

图 0-3　STL 格式的三维模型

完成修正后，用户可以使用切层软件功能将存储为 STL 文件的三维模型（图 0-3）转换成一系列薄层，同时生成 G 指令（加工代码）文件，其中包括针对某种 3D 打印机（如 FDM 打印机）的定制指令。接下来，用户可以用客户端打印软件输出 G 指令文件，这种客户端软件可以利用加载的 G 指令指示 3D 打印机完成打印。值得注意的是，实际应用中的客户端打印软件通常会包含切层软件功能，有多种开源切层软件可供选择，如 Skeinforge、Slic3r 和 Cura，不开放源代码的切层软件则有 Simplify3D 和 KISSlicer。增材制造客户端软件则有 Repetier-Host、ReplicatorG 和 Printrun/Pronterface。

增材制造设备（3D 打印机）根据 G 指令从不同的横截面将液体、粉末、纸张或板材等材料一层层组合在一起。这些层与计算机 3D 模型中的虚拟层都是相对应的，这些真实的材料层采用人工或自动的方式拼接起来形成成品。

0.1.3　分类

增材制造按照其加工材料的类型和方式，可以分为金属零件直接制造、非金属零件直接制造、生物结构直接制造三种方式，如图 0-4 所示。另外，常见的成型方法见表 0-1。

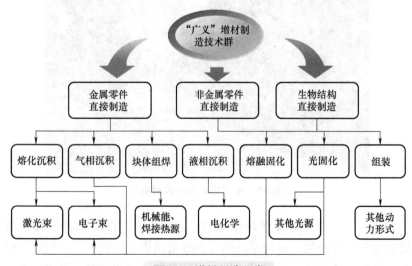

图 0-4　增材制造分类

表 0-1 常见的成型方法

增材制造设备类型	工艺	材料
材料挤出成型	熔融沉积成型（FDM）或熔丝制造（FFF）	热塑性塑料（如 PLA、ABS 树脂、HIPS、尼龙）、HDPE、共晶、食用材料、橡胶（万能橡皮泥）、雕塑黏土、橡皮泥、室温硫化有机硅、瓷、金属黏土（包括贵金属黏土）
	自动注浆成型	陶瓷材料、金属合金、金属陶瓷、金属基复合材料、陶瓷基复合材料
金属成型	电子束无模成型制造（EBF3）	几乎所有金属合金
激光粉末烧结成型	直接金属激光烧结（DMLS）	几乎所有金属合金
	电子束熔炼（EBM）	包括钛合金在内的几乎所有金属合金
	选区激光熔化（SLM）	钛合金、钴铬合金、不锈钢、铝
	选择性热烧结（SHS）	热塑性粉末
	选择性激光烧结（SLS）	热塑性塑料、金属粉末、陶瓷粉末
黏结剂喷射成型	石膏增材制造（3D 打印）（PP）	石膏
层积型	分层实体制造（LOM）	纸张、金属箔、塑料薄膜
光敏聚合物固化成型	立体光刻（SLA）	光聚合物（环氧树脂、丙烯酸酯）
	数字光处理（DLP）	光聚合物

下面简单介绍几类典型的成型工艺。

（1）激光增材制造　将高功率或高亮度激光作为热源，逐层熔化金属合金粉末或丝材，直接制造出任意复杂形状的零件，这一过程的实质就是基于 CAD 软件驱动下的激光三维熔覆的过程，如图 0-5 所示。

图 0-5　金属零件激光增材制造

（2）电弧增材制造　采用电弧送丝增材制造方法进行每层环形件焊接，即送丝装置送焊丝，焊枪熔化焊丝进行焊接，由内至外的环形焊道间依次搭接形成一层环形件；然后焊枪提高一个层厚，重复上述焊接方式再形成另一层环形件，如此往复，最终由若干层环形件叠加形成钢材或钛合金结构件。

（3）选区激光熔化（SLM）　作为金属增材制造技术的一种主要工艺方案，它是在三维 CAD 模型建模的基础上，由切片分层软件获得各层二维轨迹等数据信息，利用激光能量对选定轨迹区域的金属粉末照射熔化熔融成型。其工作原理如图 0-6 所示，首先通过刮刀推送金属粉末铺设到基板上，同时在成型室注入氮气作为保护气体，防止粉末氧化、保证传热性能及成型质量，并通过激光器的振镜偏转保证激光束照射在成型零件的当前轨迹位置，并以扫描速度移动激光束，按照扫描轨迹连续熔化金属粉末。随着激光束的移动，熔融态金属迅速散热并冷却凝固，实现与前层金属焊接成形，从而实现金属粉末熔融凝固成型，这样逐层沉积成型出三维实体。

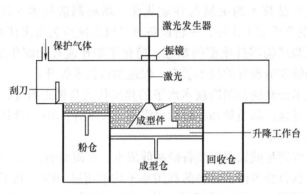

图 0-6　SLM 成型工作原理

（4）光聚合增材制造　在使用该技术时，要求将一桶液体聚合物置于安全灯的可控光照射下，暴露在灯光下的液体聚合物的表层渐渐固化，此时将已经固化的模板向下移动，再次将液体的聚合物暴露在灯光下，再次固化，如此重复直到整个模型成型。将剩下的液体聚合物倒出，剩下的就是固体模型。SLA 成型工作原理如图 0-7 所示。

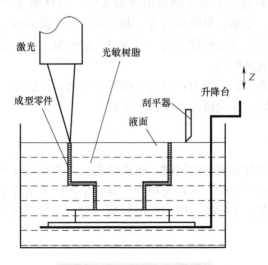

图 0-7　SLA 成型工作原理

0.2 增材制造的优势

0.2.1 技术优势

增材制造技术有助于促进设计-生产过程从平面思维向立体思维的转变。尽管 CAD 软件为三维构型设计提供了重要的工具，但虚拟三维构型仍然不能完全推演出实际结构的装配特性、物理特征、运动特征等诸多属性。增材制造技术可以实现三维设计、检验与优化，甚至直接制造，直接面对零件的三维属性进行设计与生产，摆脱了传统制造流程的束缚，极大地简化设计流程，促进产品技术的更新与性能优化。增材制造技术实现了零件制造的"自由"，无须传统制造的多重加工工序，一台设备就可以快速地制造出任意复杂形状的精密零件，极大地解决了复杂结构零件成型的难题，简化了制作流程和制作工序，缩短了加工周期。增材制造技术能够改造现有的技术形态，促进制造技术提升。

利用增材制造技术提升现有制造技术水平的典型代表是铸造行业，3D 打印蜡模可以将生产率提高数十倍，并且产品质量和一致性也得到大大提升；3D 打印用于金属铸造的砂型，大大地提高了生产率和质量。

增材制造技术可以满足航天器等装备研制低成本、短周期的需求。据统计，使用传统制造方法生产大型航空钛合金零件，材料的利用率平均不超过 10%，利用率极低；并且模锻、铸造等传统加工方式需要大量的工装模具，将会带来研制成本的飙升。通过高能束流（激光束、电子束、等离子或离子束）增材制造技术，在节省 2/3 以上材料的同时，还可以减少一半以上的数控加工时间；并且无须模具，因此能够将研制成本尤其是首件、小批量的研制成本大大降低，节省了科研经费。此外，增材制造技术也适用于稀缺或停产设备备件的生产和制造。例如已经停产许久的汽车、飞机、国防等设备的零部件，即使在缺少 CAD 图样和相应工模具，甚至相关备件无法取得的情况下，都可以利用逆向工程技术快速得到其三维CAD 模型，并使用增材制造技术快速制造出所需备件。增材制造技术还可以制造出极其复杂的几何结构，如超大、超厚、复杂型腔等，甚至是带有空间曲面、密集、复杂孔道结构件这类复杂的结构件，用其他方法很难制造，但通过高能束流增材制造技术，可以实现零件的净成形，仅需抛光即可装机使用。

增材制造技术的优势主要表现为：设计上的高度自由；小批量生产的经济性；材料利用效率高；生产可预测性好；简化研发和生产工序环节。

0.2.2 未来技术发展

增材制造承载着广阔发展前景的同时，也面临着巨大的挑战和技术突破。增材制造的广泛适用性，使它涉及从科学基础、工程应用到产业化生产的质量等诸多方面，其中包含着诸如激光成型专用合金体系、零件的组织与性能控制、应力变形控制及先进装备的研发等大量研究工作。

1. 设备的再涂层技术

由于再涂层的工艺方法直接决定了零件在累加方向的精度和质量，因此，增材制造的自动化分层是材料累加的必要工序之一。目前，分层厚度向 0.01mm 发展，其中如何控制更小的层厚及其稳定性是提高制件精度和表面质量的关键。

2. 高效制造技术

增材制造需要高效、高质量的制造技术支撑，才能实现向大尺寸构件制造的方向发展，例如金属激光直接制造飞机用钛合金框梁结构件，长达 6m，制作用时过长。因此，当前技术发展的关键在于如何实现多激光束同步制造、提高制造效率、保证同步增材组织之间的一致性和制造结合区域质量。将增材制造与传统切削加工高效结合，发展增材制造与减材制造的复合制造技术，是提高制造效率的关键。

3. 材料单元的控制技术

增材制造的精度取决于材料增加的层厚和增材单元的尺寸和精度控制。未来将发展两个关键技术：一是金属直接制造中控制激光光斑更细小，利用逐点扫描方式使增材单元能达到微纳米级，提高制件精度；二是光固化成型技术的平面投影技术，随着液晶技术的发展，投影控制单元的分辨率逐步提高，增材单元更小，从而实现高精度和高效率制造。发展目标是实现增材层厚和增材单元尺寸减小 10~100 倍，从现有的 0.1mm 级向 0.01~0.001mm 发展，制造精度达到微纳米级。

4. 复合制造技术

现阶段增材制造主要是制造单一材料的零件，如单一高分子材料和单一金属材料。随着对零件性能要求的提高，复合材料或梯度材料零件成为迫切需要发展的产品。如人工关节未来需要 Ti 合金和 CoCrMo 合金的复合材料，既要保证人工关节具有良好的耐磨性（CoCrMo合金），又要与骨组织有良好的生物相容性（Ti 合金），这就需要制造出的人工关节具有复合材料结构。增材制造的工艺中含有微量单元的堆积过程，它可以使每个堆积单元的材料不断变化，实现每个零件中不同材料的复合，最终实现控形和控性的制造。

0.3　增材制造在生产领域的典型应用

0.3.1　航空产业

2015 年 5 月，空中客车公司宣布其最新机种——A350 XWB 客机，有超过 1000 个部件是利用增材制造技术生产的。2016 年，华中科技大学机械教授张海鸥研究团队与空中客车签订了技术合作协议，该团队所研究的"智能微铸锻铣复合制造技术"可将金属铸造、锻车压技术合二为一，优于"铸锻铣分离"的传统制造方式，该技术以金属丝材为原料，材料利用率达到 80% 以上，该材料价格成本仅为当前普遍使用的激光粉的 1/10 左右。制造一个 2t 重的大型金属件，过去需要三个月以上，利用该技术仅需十天左右。并且这种微铸锻生产的零部件，各项技术指标和性能均超过传统锻件。图 0-8 所示为该团队制造的航空发动机部件。

0.3.2　软机器人

软机器人是受到自然和活生物体的启发，由柔软的材料构成的机器人。软机器人科技是一个不断发展的研究领域，其重点是由高顺应性材料构建无电机机器人，其中一些类似于在生物体中发现的机器人。软机器人科技在各种领域中都具有很大的应用潜力，如软夹具、致

图 0-8　基于智能微铸锻铣复合制造技术制造的航空发动机部件

动器和生物医学设备。软机器人主要是基于材料科学，并且通过多种机制如气动、静电、热活化和磁致动来实现。由于其柔性性质，这些软机器人可以执行细腻、精确和连续的运动，如抓取易碎物体或在不同的环境中在各种基材上移动。

最佳的软机器人设备应由三个组件组成：①执行器——无电机组件，它是设备最重要的部分，负责执行运动；②传感器，它可以提供信息，例如致动器的位置和与表面接触时遇到的压力；③使用传感器生成的信息来精确调节和增强动态性能的控制系统。

1. 柔性和可拉伸材料

包含软机器人的材料必须具有柔韧性和可拉伸性，以使其能够执行细微而独特的运动，而且不会破裂、折断或破裂。可以使用多种材料构建软机器人，这些材料具有非常独特的力学性能。常用材料如图 0-9 所示，示例如图 0-10 所示。

图 0-9　软机器人使用的柔性和可拉伸材料

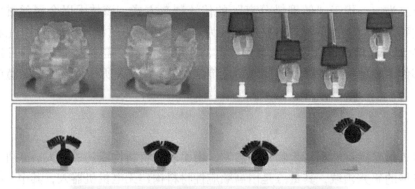

图 0-10　夹爪和由柔性和可拉伸材料组成的传感器

软机器人设计中最常用的材料是基于硅的弹性体，例如聚二甲基硅氧烷（PDMS）。它们被用作气动致动器的柔性材料。

水凝胶是能够吸收大量水分的亲水性聚合物，属于用于增材制造的柔性和可拉伸聚合物的新兴材料。水凝胶适用于软机器人设备的制造，特点是整体能够在不破坏结构的情况下进行驱动。水凝胶的独特之处在于它们与水的相容性以及响应湿度和各种水性环境而致动的能力。水凝胶凭借良好的生物相容性广泛地应用于药物输送、组织再生等医药学领域，特别是在生物 3D 打印中，水凝胶发挥了巨大作用，有着不可取代的地位。

2. 打印能力

基于挤出的方法（即熔融沉积成型 FDM 和直接墨水书写 DIW）是最简单的方法，可以通过添加挤出其他材料的喷嘴或喷嘴阵列来实现多材料打印。带有两个或更多喷嘴的商业 FDM 打印机，可以一次打印很少的材料；打印机配备有四个打印头和光固化单元，使用带有和不带有各向异性磁性颗粒的基于 PU 树脂的软机械紧固件进行打印，如图 0-11 所示。

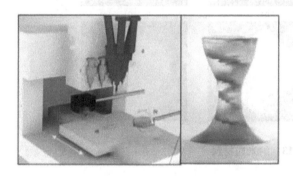

图 0-11　多材料打印结构的示例

3. 嵌入式电子

通过增材制造来制造电池、传感器、致动器或电容器之类的电子设备，对于软机器人来说至关重要。在柔性/可拉伸的 3D 对象中嵌入电子控制和能源的能力是一项关键技术，也是向全打印软机器人发展的重要一步。为了使印刷的嵌入式电子设备可行，适用于增材制造的导电油墨是关键要求。

如图 0-12 所示，在气动致动器的顶部上打印电容式传感器，以进行触觉和动觉感测。传感器由嵌入非导电的有机硅弹性体中的导电水凝胶层组成，展示了 DIW 将两个重要功能集成在同一软机器人设备中的优势，即促动和传感。

图 0-12　嵌入式电子设备的示例

增材制造已成为制造软机器人的一种常用且广泛使用的技术，它能够以相对简单的方式形成复杂的结构，可以通过多种增材制造技术制造软机器人，并使用越来越多的可用材料进行商业化和自行开发。但是，仍然存在开发适合各种打印材料的挑战，希望这些材料能够在 3D 打印后不进行组装的情况下实现功能齐全的软机器人。该领域的未来目标是相继制造出可以立即激活的 3D 打印机器人，无需连接布线或组装零件，这将包括打印电源，例如电池、泵或燃料电池以及任何其他需要的组件，使用一台打印机一次打印机器人所有不同部分（即执行器，传感器和控制系统）。

0.3.3 纳米超材料

纳米和微观尺度的增材制造会对处理细胞的微观世界很有帮助，因此，各种科学团队都在努力生产这些纳米级的物体，然后在实验室外部署这些纳米级的物体，如图 0-13 所示。

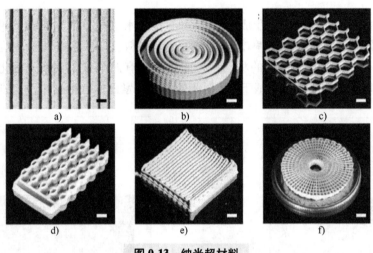

图 0-13　纳米超材料

0.3.4 汽车产业

随着电动汽车、新能源汽车的蓬勃发展，各类汽车企业均在探寻新的科技技术，增材制造技术主要是对新车模型和工具的应用，越来越多的汽车企业采用增材制造技术有效地减少研发和创新成本并提高效率，应对创新、个性化、小批量的客户需求。

2014 年，瑞典超级跑车生产商柯尼赛格发布了新车 One:1，其中使用了许多增材制造的零部件。在柯尼赛格生产的汽车中，One:1 拥有增材制造的后视镜、风道、钛合金排气部件和全套的涡轮增压器组装线。

图 0-14 所示为使用增材制造技术生产的新型汽车。电动汽车通过材料创新，专注于轻量化设计，而增材制造在整个车型结构和零部件的研发方面起到关键性的作用。通过数字化设计及增材制造技术，完成对汽车原型的碰撞测试。此外，整车结构使用可回收碳纤维和有机复合材料制成，能有效减少对于环境的污染。

0.3.5 食品产业

利用 3D 打印机可以进行定制食物的生产，能够把巧克力、糖果、通心粉、饺子、奶酪等食物一层一层地"挤"出来。未来可能利用化学物质作为增材制造设备的"墨水"，进而生产药物。如图 0-15 所示为 3D 打印巧克力饼干。

图 0-14 使用增材制造技术生产的新型汽车

图 0-15 3D 打印巧克力饼干

0.3.6 服装产业

增材制造技术逐渐应用到服装领域，时装设计师们也会使用增材制造的外套、鞋子和裙装进行时装设计构思。耐克曾为美国球员设计的 Vapor Laser Talon Boot（蒸汽激光爪）足球鞋的制模和生产中，就利用了增材制造技术，如图 0-16 所示，同样的，还有 New Balance 利用增材制造技术进行运动员专用跑鞋的私人定制生产。另外，部分公司正在研究基于增材制造技术制造的眼镜，这些产品可以根据用户需求进行完全定制，最大限度地提升用户满意度。

图 0-16 Vapor Laser Talon Boot（蒸汽激光爪）足球鞋

0.3.7　生物、医疗产业

生物增材制造是将生物材料（水凝胶等）和生物单元（细胞、DNA、蛋白质等）按照仿生形态学、生物体功能、细胞生长微环境等要求用增材制造的手段制造出具有个性化的生物功能结构体的制造方法。生物材料和相应打印技术广泛，现在国际上有一大类厂商可以生产的材料，一般称为生物墨水或增材制造生物墨水材料，如图 0-17 所示。

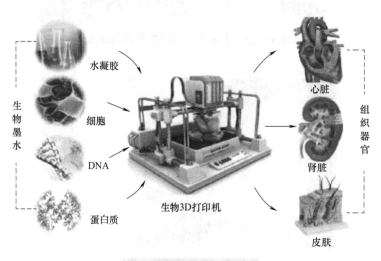

图 0-17　生物 3D 打印

生物墨水是根据对多肽在水中的自组织行为的研究理论成果开发的，主要成分是水凝胶，能提供一种三维的肽纳米纤维支架，从而促进细胞的生长和移动，还可以很好地控制机械强度和细胞支架的交互，从而帮助研究者们制造出在结构复杂性和功能上都十分接近真正组织的人工组织。因此，它在研究器官组织、疾病治疗、药物开发等方面均可以有广泛应用，如图 0-18 所示。

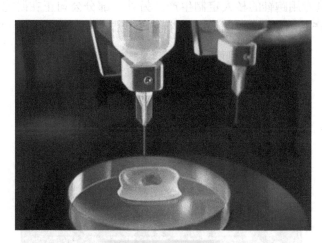

图 0-18　生物墨水

0.4　增材制造颠覆全球供应链系统

0.4.1　增材制造改变备件供应链

　　充足的备件是工业产品得以稳定运行的重要前提，备件供应商可能面临着一系列挑战，这些挑战主要源于备件的生产和储存。例如，供应商通常难以预测零件需求量，这可能导致库存过剩，维护充满库存的仓库本身就是一项昂贵的开支，而在库存过剩的情况下则更是如此。另外，如果备件供应商选择停止生产需求量较小的零部件，客户将被迫转向第三方制造商——这将导致客户流失。制造、存储和交付备件的过程对备件供应商来说是一个耗时且费力的过程，除了需要高强度的生产和运输之外，备件供应商还面临着备件的仓储成本高的困难。

　　增材制造可以解决这些问题并改变备件的制造、交付和存储方式。从减少库存和物流成本到通过按需生产提高制造灵活性，增材制造为备件行业提供了大量机会。增材制造的最大优势之一是它可以实现按需制造，这为 OEM 和供应商减轻了压力——通过减少仓库中存储的零件数量，可以有效降低库存成本。同时，增材制造便捷灵活的特点可以帮助企业缩小备件加工周期，从而更好地满足市场需求。此外，当使用者需要更换少量已停产零件且没有备份及加工图样时，可以通过逆向工程与增材制造相结合的方式来解决这类问题：利用三坐标测量仪等设备扫描并创建备件的三维数字模型，经过参数修正后，将其发送到增材制造设备，即可快速生产备件。由此可见，增材制造可以极大地提高备件生产业务灵活性，如图 0-19 所示。

图 0-19　备品和备件增材制造

0.4.2　直接数字化生产+互联网

　　增材制造技术作为一种轻资源化的敏捷生产策略，很容易实现与互联网技术的无缝衔接：通过在线设计服务平台，消费者能够直接参与到产品定制化设计流程中，平台设计师按照他们的需求生成产品设计方案（三维数字模型），也可通过具有深度学习能力的智能化系统自动完成方案设计。平台根据消费者的地理信息和递送需求为其推送具有加工能力的驻平台企业，用户在选择企业并下达订单后，设计方案（三维数字模型）将会被平台发送给企业并进入生产流程，完成制作后，产品将进入位于企业附近的自动化立体仓库，并由物流系统完成配送，具体过程如图 0-20 所示。

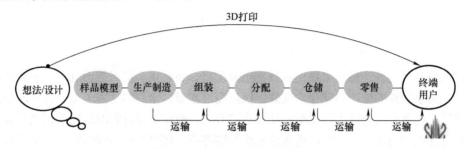

图 0-20　直接数字化生产+互联网示意

0.4.3　分布式配送

分布式的概念来自于网络科学，分布式系统（Distributed System）是建立在网络之上的某种功能系统。在应用层面，如现在大型的购物平台在全国各枢纽城市构建的大型物流仓储系统，在线设计服务平台也会在各个区域建设分布式自动化立体仓库用以存储定制化产品和加工物料。企业可以在平台采购原材料及备件，并通过物流系统从周边的立体仓库提取相应物资；用户定制的产品也由生产企业存放至附件的立体仓库，并利用物流系统完成配送。配送网络分为仓配型网络和即时配送网络，如图 0-21 所示。

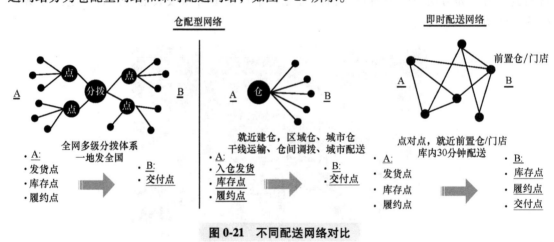

图 0-21　不同配送网络对比

未来，"仓+快递公司""前置仓/门店+即时配""仓+店+配的不同组合交付"的三大物流体系都将会存在。

0.5　增材制造技术引发的设计发展

0.5.1　面向增材制造的设计思想

不局限于前文中的例子，增材制造作为一种高速发展的新兴生产技术，已经在广大领域有了丰富的应用。目前该技术的普及速度受到限制的很大一个原因是缺乏善于利用增材制造进行设计创新的人才，一方面是由于相对于传统减材制造技术，增材制造在成本、加工精度等方面还有极大的提升空间；另一方面，现阶段绝大多数设计师或工程师所熟悉的生产加工技术仍是减材或等材制造技术，他们了解这类传统技术所要求的设计、研发规则，在产品开发过程中会根据这些技术的特点来调整研发方案，多年来形成的规则已经占据了设计师或工程师的大脑和标准的工作流程，从而产生了对新技术的抵抗性。这就意味着，当设计师或工程师面对增材制造技术时，需要一种与之对应的设计思维来帮助他们快速消化吸收并有效应用这类新技术。在这样一种背景下，为增材制造而设计（Design for Additive Manufacturing，DfAM）的研发和创新思想逐渐产生并发展起来。增材制造设计基本流程如图 0-22 所示。

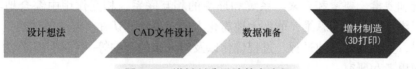

图 0-22　增材制造设计基本流程

DfAM 不仅是一种工具，更是一种策略，考虑如何获得最优的结构形状，如何将最优结构形状与最优产品性能结合，如何在设计时将 3D 打印零件的后处理等工艺对设计的影响考虑进来，涉及的文件格式、材料、技术的选择如图 0-23 所示。

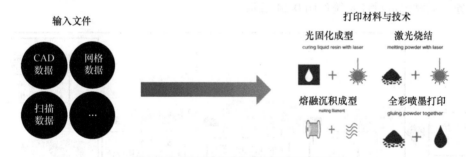

图 0-23　文件格式、材料、技术的选择

从设计通向制造的道路上，DfAM 设计师重点把握以下几点内容：①理解不同技术的增材制造加工过程；②考虑增材制造过程中的支撑结构；③考虑不同技术带来的不同表面质量；④考虑不同的后处理工艺要求。

0.5.2　新的设计思考

目前增材制造研究的主要重点包括九个方面：增材制造新型技术的研发与分级；现有技术的增材制造设备的升级迭代；新材料尤其是金属材料和柔性材料的研究和开发；基于增材思维的设计；国产软件应用与开发（增材建模、工艺设计、工艺仿真）；核心设备如激光器、振镜系统等的研发和制造；提升打印效率、降低打印成本等技术解决方案的研发；国内行业标准的建立；工业金属产品的实际应用。

对于产品开发，增材制造能够帮助设计师或工程师实现快速原型制作，降低样机开发成本，大幅缩短产品开发周期，减少产品开发风险。在整个设计流程中，增材制造技术可以在产品造型论证、结构论证、造型样机制作、工程原型制作等环节发挥关键作用。

0.5.3 基于系统性的增材思维

人们认识事物有两种思维方法。一种方法是从"宽处"着眼的整体论方法。人们在认识事物时，将事物作为一个整体来考察，在思考和解决问题时，将问题的全局作为出发点和落脚点。另一种方法是从"窄处"着眼的还原论方法，将需要认识的事物像拆卸机械钟表一样进行层层分解，先考察和认识被分解后的事物的组成部分，然后将这些对组成部分形成的认识组合起来，从而推出对事物的整体认识。这两种思维方法交织互现，共同促进，促进人类认识能力和认识水平，这样的总体称为系统性思维。整体与部分构成认识对象作为系统，从系统和要素、要素和要素、系统和环境的相互联系、相互作用中综合地考察认识对象。系统思维不同于本能思维，能极大地简化人们对事物的认知，带来整体观，而是把想要达到的结果、实现该结果的过程、过程优化以及对未来的影响等一系列问题作为一个整体系统进行全面思考和研究。

面向增材的系统性的设计，是基于需求出发设计产品整体的。从需求层面入手进行分析和建模，利用跨学科思维和系统工程建模语言（如 INCOSE 标准）解析概念层面和逻辑层面，最终在物理制造层面实现。如果从还原论视角来看，微观层面的科学技术，诸如增材制造技术和计算机辅助设计方面的创新可以帮助更加有效率地实现复杂系统工程设计的各个功能子任务。增材先进设计系统如图 0-24 所示。

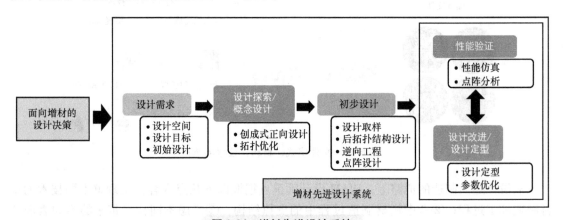

图 0-24 增材先进设计系统

要掌握系统创新方法的知识，就要掌握系统工程模型；基于模型的系统化工程设计方法 MBSE SYSML，国际通用的发明创新方法以及会优化产品。

学习创成式正向设计的基本方法既要掌握计算机图形学基础知识和基本的三维建模操作，包括复杂曲面建模的基本方法，基于 Nurbs 曲线、曲面的创建和编辑，网格 MESH 的创建和编辑，模型的分析等。学习逆向工程技术包括从扫描文件生成网格、曲面等的方法，也要会应用拓扑优化、体素建模、遗传算法、细胞自动机、力学解算、集群智能等前沿方法，还需要对软件中要建模和处理的数据类型与数据结构了解异同和转化方法，把握线性数据处理方法，数据匹配和树形数据处理方法等。

习　题

1）增材制造的常见形式有哪些？比较传统机加工与增材制造产品的异同。

2）增材制造的优势和目前的不足有哪些方面？

3）根据增材制造的特性，规划一种面向文创类产品的定制化开发方案。

4）简述面向增材制造的系统设计策略。

5）增材制造对于产品设计研发有何种意义？

6）增材制造为供应链产业带来的变革有哪些？

1

第1章 现代设计方法概述

1.1 自然科学影响下的现代设计风格

设计是一种人类的思维和创造活动，其定义是人类为实现某种特定目的（即将客观需求转化为满足该需求的人工系统，包括人工物理系统和人工形式系统）而进行的创造性活动，是一个从无到有的拓展过程，这种活动既包括理性导向的实现方法，也包括感性导向的实现方法。广义上人们追求更好、更有市场和更高质量的需求是设计活动的动力源泉，设计的本质是创新，是创造一种更加合理的人类生存方式（包括生产、生活和交流方式等），设计的最终目的是人、自然与社会这一复杂系统的协调发展和进化。当代学科发展的蔚为壮观的高密度的知识体系对于人们的设计风格和模式起到了巨大的推动作用。设计思想的影响因素如图 1-1 所示。

图 1-1 设计思想的影响因素

在人、自然与社会这三者之间的相互关系中，形成了对使用工具、生活环境和沟通辅助三种类型的需求。对这三种需求所做出的响应就是产品设计（即技术系统或人工物理系统的设计）、环境设计（对人类生存空间进行的设计，创造的是人类的生存空间，而产品设计创造的是空间中的要素）与传播设计（利用感觉符号、特别是视听符号来进行信息传达的设计）。从这个意义上，设计是一系列活动的集合，包括运用科学知识处理信息并完善加工成新信息的思想、方法和技术。随着硬件的不断升级，大数据和人工智能算法的发展，人们又升级了计算机辅助工具，如人机交互，跨学科交互和系统内外部沟通成为设计创新的关键方向，作为设计从业者要重视和把握。

　　人类协同合作发展出来的两类重要思想方法，即数理逻辑和社会性审美，他们也是人类进入工业时代之后，用以理解世界的高级形式，指人与世界（社会和自然）形成的一种理性、形象的，和美学中的情感的关系状态。数理逻辑将逻辑符号化、数学化，本质上属于知性逻辑的范畴，对自然科学和人的认知科学具有基础性作用，同时也是现代计算机技术的基础。数理逻辑重视探索、阐述和确立有效推理原则，包括逻辑演算（包括命题演算和谓词演算）、模型论、证明论、递归论和公理化集合论等基础性思想，值得深入理解人类的认知本质，有助于从底层理解复杂机构原理、集成电路、编程-算法-数据结构、数学物理等科学方法，数值计算、量化分析等应用门类知识。随着计算机图形化界面技术的发展，人们发现"计算"的概念并不只是解一些偏微分方程，执行各种功能和逻辑同样是计算的一部分。这时候各个学科吸收计算机图形学的一些方法，逐渐发展出计算机辅助设计系统，如计算机辅助设计（CAD），计算机辅助制造（CAM），计算机辅助工程（CAE），电子设计自动化（EDA），建筑信息模型化（BIM）等。科学家们也抽象出很多更加底层的概念，各种各样的算法与数据结构，应用大量数学工具来处理计算机面对的各种问题。如今的生物学、化学、物理学、应用数学、经济学、社会学，科研人员也纷纷抽象化自己学科的信息，通过合适的编程或采用 AI 算法来分析、拟合、建模，并预测新的现象和规律。

　　值得注意的是，计算机的大量辅助参与为各学科带来了相当多的研究成果，然而因为目前计算机只是借由统计学和认知科学的助力创造了弱 AI，并不具备高质量的思考能力，设计人员需要保持独立思考能力，不能懒惰地把所有事情都推给计算机来实现。

　　因为设计思想具有历史追溯性，要研究历史进程，从首次工业革命开始，人类在设计与制造领域一直结合科技和哲学艺术，使得不断涌现的思潮成为设计风格的源头和美学依据。历史进程的演化如图 1-2 所示。

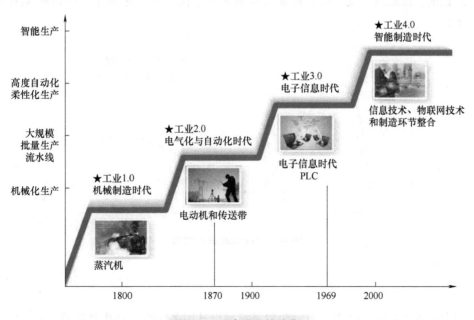

图1-2　历史进程的演化

随着工业和信息产业的不断深化发展，人类对于复杂系统的研究深度和所制造产品的复杂度与日俱增，伴随而来的设计、功能、性能的不确定性和成本的不可控性也与日俱增，因此从制造端对设计提出了的新需求。系统工程在国际上形成了专门的组织——国际系统工程协会（INCOSE），系统工程是一种实现成功系统的跨学科方法和技术。在我国，钱学森等科技领域的前辈也有过专门的论述《论系统工程》，并提出可以将系统工程方法运用到国民经济建设的各个领域，包括经济系统工程，社会系统工程，影响国计民生的能源、电力、水利、军事等复杂的系统工程。

机器人方面，我国将机器人分为两大类，即工业机器人和特种机器人。所谓工业机器人就是面向工业领域的多关节机械手或多自由度机器人。而特种机器人是除工业机器人之外的、用于非制造业并服务于人类的各种先进机器人，包括服务机器人、水下机器人、娱乐机器人、军用机器人、农业机器人等。在特种机器人中，有些分支发展很快，有独立成体系的趋势，如服务机器人、水下机器人、军用机器人、微操作机器人等。目前，国际上的机器人学者从应用环境出发将机器人也分为两类：制造环境下的工业机器人和非制造环境下的服务与仿人型机器人，智能型机器人和柔性机器人的发展也逐步兴起。

从精益制造到智能制造，人类充分利用物理模型、传感器、运行历史等数据，集成多学科、多物理量、多尺度、多概率的仿真过程，在虚拟空间中完成映射，从而反映相对应的实体装备的全生命周期过程，建立交互式的装备系统的数字映射系统。因此人们应该更加注重物理空间的实体产品、虚拟空间的虚拟产品、物理空间和虚拟空间之间的数据和信息交互接口。

智能化的技术体系成为克服复杂度和不稳定性的利器，未来的技术矩阵也需要多学科的协同和开放式的合作。人工智能产业跨越发展，目前的弱人工智能是基于认知科学、统计学、数理科学交叉的一个成功领域，且深度学习/机器学习、机器视觉、语音图像识别、区块链、大数据、低延迟工业级信息传输等领域正处于高速发展过程中。Gartner 对比曲线如图 1-3 所示。

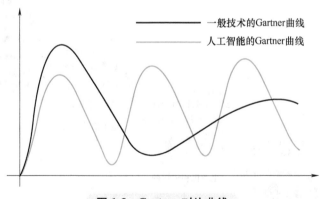

图 1-3　Gartner 对比曲线

1.1.1　设计方法发展进程和新时代要求

在三次工业革命的阶段中，第一阶段是机械设计服务于批量化生产阶段，第二阶段为机械设计传统工业化阶段，该阶段主要应用理工学科传统的分工模块化设计理念，设计方法依赖于理论、经验、图表、手册和计算公式开展定向设计，在当时的阶段很好地完成了历史使命。

理论设计是标准化设计的基本形态，也称开放性设计。设计者按行业知识和数学、物理等自然科学理论建立机构和功能模型，如将机械零件的结构及其工作情况简化成一定的力学模型，运用理论力学、材料力学、弹性力学、塑性力学、流体力学、热学、摩擦学理论等或利用这些理论推导出来的设计公式和试验数据进行设计，并实现符合原型或超越行业标准。这个过程称为理论设计。

经验设计也称继承性设计，是根据某些零件长期以来的设计与使用经验归纳出经验公式，或者设计者根据经验用类比的方法，确定一些尺寸进行设计。这对于某些典型零件是很有益的设计方法，例如减速器箱体、传动件、机床手柄等某些结构件。

然而传统方法存在着设计类型单一且缺乏美感，复杂度简单累加，工业柔性不足，为避免重大缺陷而造成过度冗余设计等。在技术条件影响下，机械设计成本越来越高，设计效率低下，不能灵活满足市场需求。发展到20世纪中叶，世界范围内开始了第三次信息产业革命，目前第三个阶段的发展仍然在进程中并且随着大量应用型新技术、新产业的进步和渗透，传统机械设计理念继续改进优化，跨学科的融合和技术创新的需求极大地刺激了机械设计和制造理念的新发展。

现阶段创新理念不断深化，从系统科学、控制论、知识工程、拓扑学、仿生学、人工智能、量子计算和艺术美学等领域汲取营养，对机械设计理论进行创新，促使机械设计领域进入到新的智能化、有机化时代。

机械工程在我国的发展时间也较长久，传统的设计方法只有借助科技将设计进行优化，才能显著提高设计质量，并与时代紧密联系。

1. 融合性创新的要求

随着科技的进步，各项新工艺、新材料、新方式也越来越多地应用到机械设计领域。在进行机械设计的过程中，只有全面地考虑到机械设备各个方面的结构，才能使机械设备更加高效和节能。机械设计必须朝着系统化、信息化、柔性化、智能化的方向发展，而不是仅注重机械设备某一功能的实现。

例如GE航空发起的发动机支架轻量化设计，将计算机辅助设计延伸到拓扑学和人工智能算法领域。如图1-4所示是GE航空的供应商KMWE给出的轻量化方案。

2. 系统性、前瞻性的要求

创新理念从个人灵感式创新慢慢进入科学化和工程化的阶段，工程化的需求激发了相关理论诸如基于发明和解决技术问题的TRIZ理论，基于模型的系统工程（MBSE），基于信息大数据的知识工程，基于认知科学的人工智能算法等理论的诞生。

现代机械设计的系统化实践满足了社会生产和大部分的生活需求。然而在多元化和个性化逐渐凸显的今天，设计也需要体现出前瞻性和多元性特色：联合生产与使用环境，考虑技术融合和跨界创新的可行性，以期达到市场快节奏的需求；从型号和规格、信息技术和数字孪生、并行和集成技术、优化设计和仿生类比、跨界融合和变形设计等方面发展出新的创新方法。

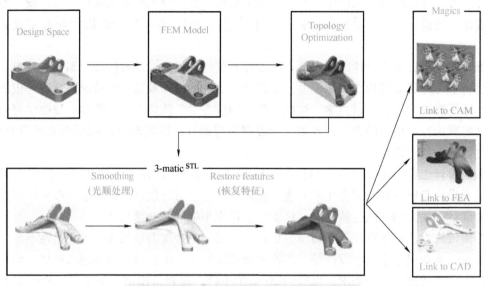

图 1-4　通用的供应商 KMWE 轻量化方案

1.1.2　面向增材制造的设计思想

伴随着科学与技术的进步，创新思想也出现多元化的模式。

本书着重阐述复杂产品的创成式正向设计方法，复杂产品的开发过程是一个系统化工程，遵循着一些基本的开发流程，包括规划—概念开发—系统设计—详细设计—测试与改进—试产扩展 6 个阶段，每个阶段都是专业化的设计活动的有机整合，进而衍生出规划设计—需求分析到概念设计—系统设计编码—基于模型的工程化编码—仿真优化测试改进等设计流程。

机械设计是机械工程的重要组成部分，是机械生产的第一步，是决定机械性能的最主要因素。机械设计的目标是在各种限定的条件（如材料、加工能力、理论知识和计算手段等）下设计出最好的机械，即做出优化设计。优化设计需要综合地考虑许多要求，一般有最好工作性能、最低制造成本、最小尺寸和重量、使用中最可靠性、最低消耗和最少环境污染。这些要求有时互相矛盾，而且它们之间的相对重要性因机械种类和用途的不同而异。设计者的任务是按具体情况权衡轻重，统筹兼顾，使设计的机械有最优的综合技术经济效果。过去，设计的优化主要依靠设计者的知识、经验和远见。随着机械工程基础理论、价值工程、系统分析等新学科的发展，制造和使用的技术经济数据资料的积累，以及计算机的推广应用，优化逐渐舍弃主观判断而依靠科学计算。

机械设计按照阶段分类，可分为新型设计、继承设计和变形设计三类。

新型设计：应用成熟的科学技术或经过试验证明的可行的新技术，设计过去没有出现过的新型机械。

继承设计：根据使用经验和技术发展对已有的机械进行设计更新，以提高其性能、降低其制造成本或减少其运行费用。

变形设计：为适应新的需要，对已有的机械做部分的修改而发展出不同于标准型的变形产品。

为满足机械产品性能的高要求，在机械产品设计中大量采用计算机技术进行辅助设计和系统分析，这就是通用的现代设计方法。这些方法并不只是针对机械产品去研究，还有基于技术的科学理论和方法。按照技术分类如下：

1. 计算机辅助与数字化设计技术

对于现代化机械设计，数字化是应用最多的设计方法。进入新时代，信息技术蓬勃发展，常见的方法包括优化、有限元分析、可靠性分析、仿真、专家系统、CAD等，可以说CAX（CAD/CAID/CAE/CAM）系列数字化技术应用到机械设计过程中，可以提高机械设计的效率和设计水平，能够整体提高机械产品的精度和各方面的性能。利用数字化技术进行机械设计的基本流程首先是数字化建模，模型优化与正则化，仿真驱动设计方案优化；然后在过程中根据测试结果改进或者根据需求反馈调整。利用数字化技术进行设计，可以实现设计效率的提高，设计资源的优化配置和提升机械产品的精度和延长使用寿命等。

2. 并行化设计技术

并行化设计是对产品及相关过程进行并行和集成设计的系统化工作模式，与传统串行设计模式相比，并行化设计要求设计师在研发产品的初期就考虑到产品的生命周期，将各个环节设置得更加协调，使产品的整体性能更加完善。并行化设计已成为发展趋势。机械设计产品在各行各业都得到了非常广泛的应用，还常常需要不同的机械进行协同工作。因此设计师在进行设计时，需要考虑到多个机械并行工作的情况，这对机械的功能性需求越来越严苛。设计师应用并行化设计模式，有利于多种机械进行优势互补，提高生产总体的机械化水平。

3. 优化设计

机械产品优化设计是最优化技术在机械设计领域的移植和应用，其基本思想是根据机械设计的理论、方法和标准规范等建立一反映工程设计问题和符合数学规划要求的数学模型，然后采用数学规划方法和计算机技术自动找出设计问题的最优方案。其中最常用的是有限元分析和离散元分析驱动的优化，它是机械设计理论与数学模型、计算机相互结合而形成的一种现代设计方法。

4. 智能化设计技术

智能化是在自动化程度的基础上，在实现了流程多环节的自动化之后，完善了监控阶段、控制阶段、优化阶段的发展历程，达到基于统计算法的智能阶段，基于自组织演化的智能阶段等，也要关注类内差异和类间差异的区别，适应问题的处理、技术矛盾的解决和耦合等。

5. 可靠性设计

可靠性是指产品在规定条件下和规定时间内，完成规定功能的能力。可靠性可以分为任务可靠性、基本可靠性、固有可靠性、使用可靠性、维修性等，都强调无故障，任务可靠性界定在任务范围，而基本可靠性界定在产品生命周期范围。可靠性设计是应用可靠性理论（数学、物理、工程层面）技术和设计参数的统计数据，在给定的可靠性指标下，对零件、部件、设备或系统进行的设计。在产品设计的过程中，可靠性设计包含了产品在完成任务的过程中完成其规定功能的概率，既考虑单元可靠性预计，又考虑系统可靠性预计，利用模型法和流程分析获取故障模式和切断风险传递链。

1.2 产品开发设计方法

1.2.1 逆向设计

不同于一般产品开发的流程（构思—设计—产品原型），逆向设计是指设计师对产品实物样件表面进行数字化处理（数据采集、数据处理），并利用可实现逆向三维造型设计的软件来重新构造实物的三维 CAD 模型（曲面模型重构），并进一步用 CAD/CAE/CAM 系统实现分析、再设计、数控编程和数控加工的过程。逆向设计通常是采用归纳分析和简化处理的方法来改进已有的产品。

逆向设计只是设计的一个环节，而不能作为设计的目的。设计的目的是创新，逆向设计技术是为设计创新服务的，应该确定运用逆向设计这个环节的正确位置，让逆向设计更好地为产品创新设计服务。逆向建模流程如图 1-5 所示。

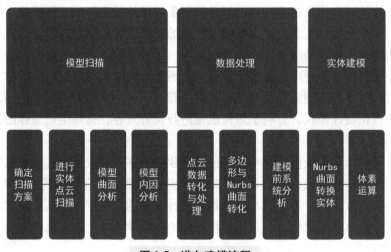

图 1-5　逆向建模流程

逆向工程非常重视检测技术和分析技术，硬件和软件条件也会极大地影响逆向工程的质量。在 V 模型中，逆向工程绕开了前面的需求分析到产品概念的路径，从既有先进产品作为参考基础，利用检测和分析技术对产品作一定的改良，软硬件辅助模型重建，然后工艺试制至系统验收，如图 1-6 所示。

诸多设计软件如以 Rhino 为例，逆向工程在工业设计领域也有很重要的应用，如图 1-7 所示。

1.2.2 正向设计

V 模型最初来源于软件开发过程，是一个非常有影响力的快速应用的开发模型。其名称来自模型形似字母 V，后来被广泛应用于各类工程领域。随着理论和技术的进步，在系统工程领域也引进了 V 模型，并在此基础上丰富了可实现的过程，添加了需求分析、需求定义、功能分解和系统综合的步骤，这样从需求到验证的完整设计流程称为正向设计。正向设计是

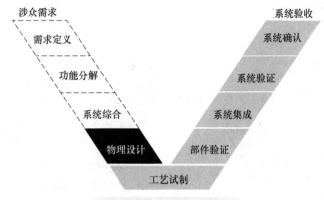

图 1-6　逆向设计 V 模型

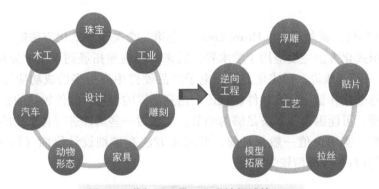

图 1-7　逆向工程是工业设计领域的一环

对现在市场需求问题的复杂或抽象化处理，将之纵向深入分解并使其被分解为多个简单的、具体化的、可解决的问题。具体流程如图 1-8 所示。

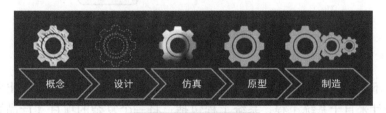

图 1-8　正向设计流程

　　正向设计遵从"需求分析 R—功能分析 F—逻辑设计 L—物理设计 P"通用流程，从产品构想（Idea）传递设计规范至子实体和关联耦合实体，整个过程掌控相关性，有鲜明的逻辑特点，对于设计原理、系统化思路、功能分解的方法、体系的科学性均基于行业标准和国际标准。正向设计的创新是架构式创新，诸多要素在层次架构上分配好自身的功能和接口、重要影响的权重。一些经典的工业软件和伴随的方法论尽管形式各有不同，却万变不离其宗地运用了上述通用法则。从适用范围来说，从宏观系统设计到微观结构，再到仿真优化制造工艺都是复杂体系，正好匹配增材制造构造方式，体现了增材制造的价值。正向设计与创新如图 1-9 所示。值得注意的是正向设计同样需要交互和迭代，而仿真迭代和增材制造迭代是两类很好的迭代技术。

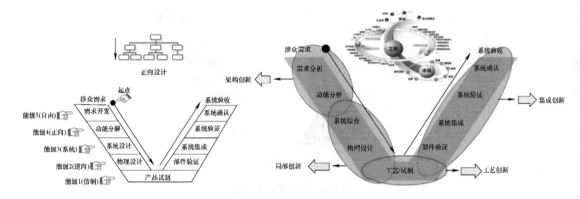

图 1-9　正向设计与创新

20 世纪 60 年代，霍尔逻辑（Hoare Logic）是第一个关于形式化方法的学说，从那时起的很长时间，形式化方法主要应用于学术界，后来再慢慢地拓展到了工业应用的硬件领域，如图 1-10 所示。客观地说，形式化方法在电子产品硬件中有更多的成功应用——主要是因为硬件工具更标准化和稳定，而软件领域还未达到那样的程度。软件领域的系统设计、高层需求对应的模型，可能因为不具备足够的细节，无法对一些属性进行有意义的分析，形式化方法的应用效果、实用价值一般。目前，形式化方法在详细设计层面（Low-level Requirement），对于软件行为等模型较为适用。

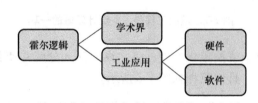

图 1-10　霍尔逻辑模型

正向设计不同于逆向设计的路径，是从需求（功能、用户、效能等）出发到实现最终产品。正向设计来自于系统工程，系统工程包括：将一个复杂的项目（产品）设计分解成一些相互独立的元素，描述元素之间的关系特征，对所建立的系统进行验证，并按照原本的设计意图使系统运行。系统工程有典型的几类模型，包括霍尔三维模型、V 模型、人事物模型等。

霍尔三维模型又称霍尔系统工程，人们与软系统方法论对比，称为硬系统方法论（Hard System Methodology，HSM），是美国系统工程专家霍尔等人在大量工程实践的基础上，于 1969 年提出的一种系统工程方法论。其三维模型如图 1-11 所示。

V 模型是软件开发过程中的一个重要模型，又称软件测试的 V 模型。随着理论和技术的进步，在系统工程领域也引进了 V 模型。并在此基础上进行了可实现的过程丰富。V 模型的拓展和运用如图 1-12 所示。

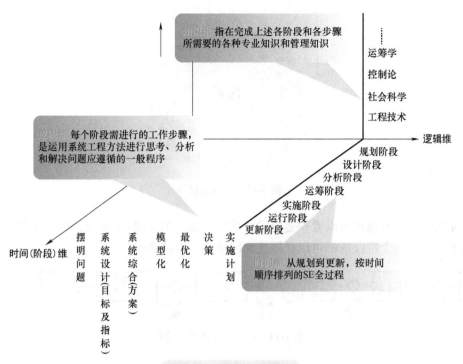

图1-11　霍尔三维模型

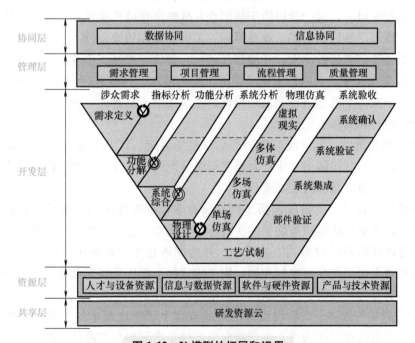

图1-12　V模型的拓展和运用

中国运筹学和系统工程理论及应用研究早期开拓者顾基发院士还开发有关于系统工程运筹管理领域的物理、事理、人理系统方法模型，此模型具有东方特色的灵活和柔性管理特点，对现代科学与工程有着重要的指导意义，如图1-13所示。

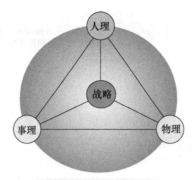

图 1-13　物事人模型

产品设计与开发流程可以看作是阶段的线性叠加：0+1+2+3+4+5，如图 1-14 所示，值得注意的是，在每个阶段依然可以利用叠加原理进一步详细展开。

图 1-14　产品设计与开发流程

"0" 是指从需求分析到产品规划开始，通常被称为 0 阶段，因为它先于项目审批和实际产品开发流程的启动。这个阶段始于依据企业战略所做的机会识别，包括：技术发展和市场目标评估，输出产品目标市场、业务目标、关键假设和约束条件。本书第 3 章开始会阐述如何从产品机会和需求分析出发，开展信息商机，评价和选择工作并形成功能结构模型。

"1" 是指概念开发。此阶段识别了目标市场的需求，形成并评估了可选择产品的概念，然后选择出一个或多个概念进行开发和测试。本书在第 3 章阐述了概念的模型化表达，还需要考虑系统性组合和选择验证过程。

"2" 是指系统设计。此阶段包括了产品架构的界定，产品分解为子系统组件以及关键部件的初步设计，同时伴随指定生产系统和最终装配的初始计划。此阶段输出产品的几何布局，子系统功能规格以及最终装配流程。

"3" 是指详细设计。此阶段包括了产品所有非标准部件的几何形状、材料、公差等完整规格说明，以及确定从供应商购买的所有标准件规格。这个阶段考虑产品的材料选择、生产成本和稳健性评估的同时编制工艺计划，并为即将在生产系统中制造的每个部件设计工具。此阶段的输出包括产品的控制文档，用于描述每个部件几何形状和生产模具的图样或计算机文件；外购部件的规格；产品制造和组装的流程计划。

"4" 是指测试与改进。此阶段设计的产品有多个试生产版本的创建和评估。早期原型样机通常由生产指向型部件构成，生产指向型部件是指那些与产品的生产版本有相同几何形状和材料属性，但又不同于实际生产流程中制造的部件。要对前期原型样机进行测试，以确定该产品是否符合设计并满足顾客的关键需求。后期原型样机通常由目标生产流程提供的零部件构成，装配过程不要求与装备流程一致。后期原型样机需要广泛内部评估，也给需求方/用户做使用环境测试。后期样机关注产品性能与可靠性，以确定是否对最终产品进行必要的工程变更。

"5"是指试产扩量。此阶段也称生产爬坡阶段。产品将通过目标生产系统制造出来，该阶段关注生产流程的完善和员工的培训问题，期间会出现较为高频率的全面评估检测，从试产扩量到正式生产的转变通常是循序渐进的。在这个转化过程中从商业、技术、市场多视角评价项目，意在识别项目改进的途径。这个过程也包括项目后评估。

系统工程流程业内常用 V 模型，做项目分解和设计部分在 V 字的左边下行边，综合验证则在 V 字的右边上行边。系统工程较适合解决结构性复杂的问题，如航空航天、汽车、轮船、发电设备、大型建筑工程等，如图 1-15 所示。

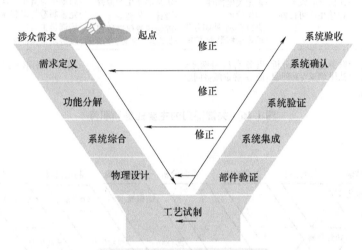

图 1-15　正向设计中的 V 模型

系统工程需要调动公司部门的协同工作才可以有效执行。其中包括总体管理部门、设计部门、制造部门、研发部门、财务部门、市场营销部门、销售和服务部门，各部门的职责如图 1-16 所示。

系统工程方法非常适合处理结构性复杂问题，如果面对组成部件内部相互作用影响较大的多耦合/紧耦合系统，还需要更多创新的理论分析和辅助技术支撑。

当代正向设计的发展得到了系统工程理论和控制理论的指导，将日益发展的自然科学知识和注重功能与结构的设计风格有机结合，并配备了越来越先进的计算机辅助技术（CG、CAID、CAD、CAE、CAM 等），逐步形成从学术化到大型企业化、工程专业化的产业链。创成式正向设计关注人机交互、计算机辅助下的系统自我创新的过程。随着近百年的科技发展，国际国内的理论学术研究、工程应用实践、规范标准定义各领域已经发展的相对成熟，通过持续实践和研究的演进，复杂系统工程诸如 NASA 等，越来越精炼和抽象。抽象化强调原则和关键环节，是理论成熟的表现，给予运动理论的团队更多的应用空间和拓展空间。正向设计的理论实现工程落地需要把现有系统工程理论的产生、形成和完善过程深入、理解，进而可以在落地操作过程中做到简繁得当，执行到位，贯彻精准和持续调整。

基于设计师/工程师的设计意图，构造创成式系统，生成一系列可行性设计方案的三维数字模型，通过综合对比，筛选出最优化设计方案推送给设计者进行决策。与此同时，社会整体算力的飞速提高，仿真优化在正向设计领域也发挥着越来越重要的作用，在流程每个环节的设计、仿真与验证过程中可以实现仿真结果实时反馈，自动优化等效果，如图 1-17 所示。

市场营销部门					
·表述市场机会 ·定义细分市场	·收集顾客需求 ·识别主要用户 ·识别竞争产品	·编制选择产品和 扩展产品系列计划	·编制市场营销计划	·改进和优化物料 ·便利现场测试	·向关键顾客提 供早期产品
设计部门					
·考虑产品平台与 产品架构 ·评估新技术	·调查产品概念 的可行性 ·开发工业设计概念 ·建立并测试实验 原型机	·开发产品架构 ·定义主要子系统及接口 ·优化工业设计 ·初步的部件工程	·确定零件几何形状 ·选择原材料 ·分配公差 ·完成工业设计 控制文件	·测试全部的性能、 可靠性、耐久性 ·获取监管机构的批准 ·评估环境影响 ·实施设计变更	·评估早期的产出
制造部门					
·识别生产限制 ·指定供应链策略	·评估制造成本 ·评估生产可行性	·确定关键部件 的供应商 ·进行自制-外购分析 ·确定最终装配方案	·定义部件生产流程 ·设计工艺装备 ·确定质量保证流程 ·长周期工艺装备的采购	·启动供应链生产活动 ·完善制造与组装流程 ·培训员工 ·改进质量保证流程	·开始整个生产 系统的运行
其他职能部门					
·研发:证实现有技术 ·财务:提供计划目标 ·常规管理:分配资源	·财务:便于经济分析 ·法律:调查专利问题	·财务:自制-外购分析 ·服务:确定服务问题		·销售:编制销售计划	·总体管理:进行 项目后的评估

图 1-16 关键部门的主要任务和职责

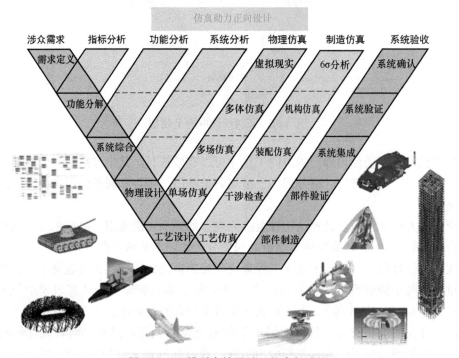

图 1-17 V 模型中的设计、仿真与验证

1.2.3 创成式正向设计

随着人类认知科学和现代信息技术的进步，在正向设计的基础上，可以编程计算机辅助的算法，利用多学科的底层规律和标准范式生成新的设计方案和更优化的方案，这样的设计方式称为创成式正向设计（Generative Design，GD），基于增材思维的创成式正向设计是工艺上根据一些起始参数通过丰富的算法找到优化的模型。这是一种考虑真实物理世界因素的设计方式，并擅长用数学方程中的参数化思维预设一个设计变量的集合，从而在完成设计之后，也能通过连续改变参数而生成数量非常多的可选择方案。由于各学科发展的不同步，创成式正向设计的概念在不同行业有着不同的说法，如生成式设计、衍生式设计、GD、算法辅助设计、参数化设计等，其在建筑、视觉艺术、高端制造、产品造型，工业设计、复杂产品设计、消费品创新领域均有所发展，其中部分领域已经开始了广泛的应用。在犀牛 Rhino 软件中的创成式正向设计如图 1-18 所示。

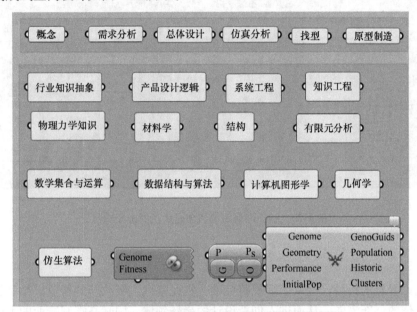

图 1-18　在犀牛 Rhino 软件中的创成式正向设计

创成式正向设计能够创造出手动建模不易获得的多样性方案，在多学科优秀模型和范式的帮助下，制造出超越传统形式的新结构和新特性，可以说创成式正向设计和增材制造生产有着天然的可搭配性，进一步释放了增材制造的应用潜能，如图 1-19 所示。增材制造将更精密的设计信息承载到物理实体上，意味着所生成的制品具有更强的功能性，进而带来性能

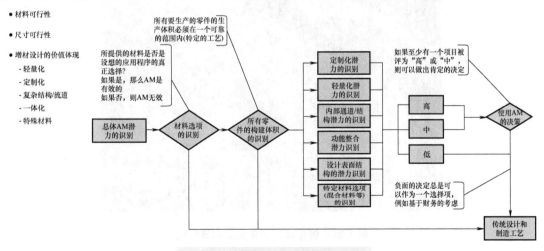

图 1-19　增材制造应用潜能的识别

的飞跃。因此，在实现"材尽其能、物尽其用"，释放复杂成形能力的表象下，增材制造的真正价值在于回归设计本源，回归产品功能。面向增材制造的设计（业界采用英文简写 DfAM）就是实现正向设计、按需制造的核心过程。基于增材思维的创成式正向设计流程如图 1-20 所示。

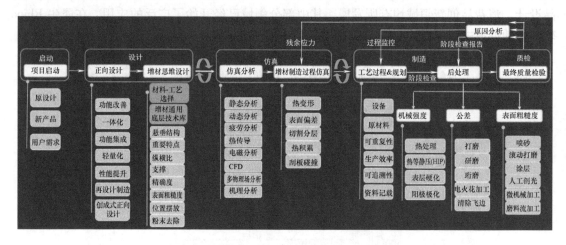

图 1-20　基于增材思维的创成式正向设计流程

　　创成式的创新力来自于理性与感性的交汇，规范和拓展的融合，想象和操作的并举。通过创新方法论思想的指导，吸取国际规范标准，在此基础上吸收新的行业成果和微创新，发挥个人和集体的创新潜能，从而进入创新设计的崭新领域。国际高端制造业的大变局正当其时，伴随着技术的进步和越来越广阔的市场空间，创成式正向设计会在众多领域发挥重要作用，创新设计的多元化思维模式如图 1-21 所示。可以根据输入者的设计意图，通过创成式

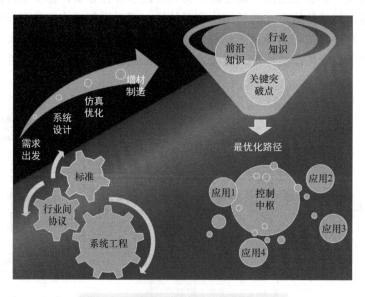

图 1-21　创新设计的多元化思维模式

系统，生成潜在的可行性设计方案的几何模型，然后进行综合对比，筛选出设计方案推送给设计者进行最后的决策。简而言之，GD 是通过设计软件中的算法自动生成产品、建筑、艺术品模型的设计方法，是一种参数化的建模方式。设计师在设计过程中，只需要输入产品参数，其算法就会自动进行调整判断，直到获得最优设计。创成式正向设计带来的变化如图 1-22 所示。

图1-22 创成式正向设计带来的变化

增材制造策略与传统制造策略在流程、方法上有很大差异，它适合加工表面工艺复杂、拥有大量有机形态、单件小批量制造的产品，因而，创成式正向设计（以下简称 GD）为增材制造（AM）提供以下条件：

1）GD 满足增材制造的设计需求。

2）GD 可以通过计算机程序来表达参数及其关系（genotype），用复杂关系生成数字几何（phenotype），并进一步通过 AM 转化为物理模型。

3）GD 可以利用计算机远超人类的计算能力，模仿自然进化法则，根据一些基于模型的功能、性能和约束参数，通过迭代并调整来找到一个优化模型的设计方法。

4）GD 可通过在约束范围内调整参数得到很多意想不到的创新形式，帮助设计师探索更广泛的设计空间。

5）目前，GD 已经在建筑设计领域进行了应用实践，服务于建筑设计的 GD 系统通常是通过参数化建模软件来定义的，它使用一组参数来驱动一系列几何运算，从而生成最终形式。

目前，GD 在产品设计领域并未获得广泛应用，导致这种现象的原因之一即是从业者对于增材制造技术所要求的设计规则知之甚少。利用多学科的新知识来突破传统制造思维的限制是对于增材制造人才培养的一大挑战和机遇。

习 题

1）设计活动的关键要素都包括哪些？试调研文献找到学术前沿设计领域会存在哪些类型的观点？数学与自然科学的发展对于设计活动的重要影响有哪些？

2）现代设计方法主要包括哪些要素，试从提高生产力和市场的角度阐述现代设计方法带来的根本性变化。

3）调研具体案例来阐述逆向设计与正向设计的区别之处，并阐明哪些领域适合逆向设计，哪些领域适合正向设计，思考是否有两者结合的情况。

4）根据自己的理解绘出正向设计的流程序列图，可以根据自己周边的工作环境和协同便利性来选择成熟的流程图软件。

2

第 2 章 基于增材思维的创成式正向设计

2.1 新的设计方法——创成式正向设计

2.1.1 创成式正向设计的软件

如第 1 章所述，创成式正向设计是人类知识和认知逻辑延拓发展的产物，是一个人机交互、迭代创新的过程。基于设计师或工程师的设计意图，通过创成式系统，生成一系列可行性设计方案的三维数字模型，通过综合对比，筛选出最优化设计方案，并推送给设计师进行决策。

先进的理念和不断革新的技术使得创成式正向设计系统目前还处于发展的初期，由于创成式正向设计与计算机技术深度结合，各大 CAD/CAE 厂商看到其在产品结构设计方面的潜力，推出了基于某些特定算法的零件级创成式正向设计功能，开始了设计过程的参数化转型，即参数化设计。这个方案还需要传统交互的建模方法。不过参数化的思想已经体现在各个主流软件之中，学习软件的同时有意识地培养参数化设计思想，进而优化 CAD 模型。例如，使用 ANSYS 仿真前，处理一个模型可以分别用 ANSYS 的 SC 模块编辑非参数化的部分（如去倒角、填充孔、抽壳、拔模、填充流体、检测交界面、Keyshot 渲染和 Algoryx 刚体动力学仿真），然而参数化的思想需要提前用 DM 模块来编辑参数化的部分。

目前比较著名的创成式正向设计系统包括 Rhino 软件的 Grasshopper 模块，Autodesk 的Within、nTopology、Dreamcatcher，西门子的 Solid Edge ST10，ANSYS 的 SC&DM，Materialise 的 3-Matic，PTC 的 Creo parametrics 等。创成式正向设计（以下简称 GD）将激发设计师获得更多思维灵感，创造出拥有非同寻常的复杂几何结构的设计作品。增材制造技术则可以将这些复杂的设计方案转化为实体，可以预见，在不久以后，GD 与增材制造将会更好地结合，推进制造业的转型与发展。

CAD 设计技术的应用经历了三个时期。在最早期的文档时代，CAD 的功能仅仅在于将产品设计方案记录下来，无论是二维图形还是三维模型，都是覆盖式、经验式的文档操作。在优化时代，三维 CAD 逐渐成为主流，不管是在建筑业还是制造业，工程师可以先建立系统级的真实准确的数字化模型，借助三维可视化的设计工具及仿真分析工具，让设计结果趋于优化。随着移动互联网的快速发展，如今的设计师和工程师需要更为细致地洞察用户需求，让产品更加富有创意和个性化，这意味着 CAD 设计将变得更加互联化和智能化。这也是众多软件厂商致力于推动 GD 技术发展的重要原因。

西门子是应用 GD 开发产品的行业先锋之一。他们将拓扑优化引入到 Solid Edge 3D 产品开发工具包中，设计者可定义特定的材料、设计空间、允许的载荷和约束及目标权重，该软件可自动计算几何解法。这些结果可以立即在增材制造设备上进行生产，或是在 Solid Edge 中进一步优化，以用于传统制造。Solid Edge 提出生物进化与 CAD 的设计结合，以实例展示其功能。在 Solid Edge ST10 系统中，用户可以为零件指定负载，如力、压力或转矩，然后指定与周围零件有装配关系的面不允许改变，再指定固定的面，就完成了约束条件的设定。用户还可以指定研究精度、希望减少的目标质量和安全系数，如果要求的安全系数高而质量减少幅度又太大，可能无法获得有效的结果。随后，Solid Edge 进行多次迭代运算（类似生命体的逐代进化），产生最终的优化结果，并且在优化结果中还能显示应力的分布情况。Solid Edge 的 GD 技术将 CAD、优化设计和 CAE 分析无缝集成在一起。创成式正向设计相关软件如图 2-1 所示。

图 2-1 创成式正向设计相关软件

在未来的发展趋势中，人工智能、虚拟现实、工业互联、人机工程等新兴技术会得到更加深度的融合，可以使得设计过程更加智能，让设计的门槛进一步降低。

2.1.2 计算机图形学知识

现在的计算机辅助设计软件类别五花八门，我们需要了解其中的本质区别，诸多软件依赖的建模方式有如下几种。

1）多边形建模，其建模快速可编辑，容易生成复杂造型，如生物体等，精确度不高，不用考虑物理现实，在动画、视觉表现、游戏、影视领域应用广泛。多边形建模一般由点、边、面、整体元素构成网格 Mesh，往往一个造型有上百个到几万个不等的面。需要更多的面构成的复杂造型对计算机的计算能力有很高要求。

2）Nurbs 建模，其使用非均匀有理 B 样条（Non-Uniform Rational B-Splines，Nurbs）这类数学公式来设立更为精确的曲线曲面建模方式，这类软件应用在精度要求更高，流线型更好的工业设计领域，汽车设计领域用得很多。Nurbs 顾名思义是一种依靠数学上控制点的信息配合有理多项式来构建点之间插值替换曲线的造型方法。曲线阶次一般不大于 3 阶，当有曲率连续的高要求时，使用 5 阶曲线造型，可保持曲线光滑连续，避免产生尖角、交叉和重叠，再者曲率半径和圆角半径要略大于标准刀具的半径，以免造成加工困难。目前看来 Nurbs 建模更利于出图，有利于通过计算几何的特性生成线框图、截面图、投影图，易于同二维绘图软件衔接配合。由于对于边缝处理比较消耗计算量，对于复杂实体的表现能力要慢于直接的体素建模方式。

3）Subdiv，简写为 SubD，其是细分建模，它吸收了多边形建模更方便编辑造型和 Nurbs 建模更高效、准确的优点，因此成为诸多软件中建模方式的很好补充。

4）实体建模，也称体素建模，可以理解为多边形建模的三维化，利用多面体作为基本构建单元，详细记录实体的原始特征参数，因此最为精确。由于早期多面体不够多样化，主要适合机械设计领域使用，随着多面体类型的增多，现在也在工业设计、模型制作等领域有了更广泛的应用。实体建模只能说在成熟优化的领域有着自身的优势，不过依然存在着体素类型种类有限、局部操作不容易实现等缺点。

5）混合建模。首先要了解网格 Mesh 这个极其重要的空间划分的概念，上述各种类建模都可以生成和控制网格，网格的通用性和灵活性优势非常大。仿真分析软件也是普遍对网格进行操作。因此，加深理解网格的数据结构和应用是目前能够多软件协同、混合建模的关键因素。另外，随着技术的进步，各类商业软件正在发展新形式的混合建模，能够充分衔接二维和三维建模，充分发挥各类建模的优点、弥补缺点，正是未来建模的发展方向。

6）参数化建模。参数是人们预设的一种变量，利用参数来灵活控制生成的连续变化的模型，就是广义上的参数化建模，如计算机编程的过程就有大量的预设变量，因此最初的参数化建模也称为程序化建模。由于不同的设计软件自身的建模基础和软件风格不同，导致它们有不同风格的参数化建模的操作方式。但是需要在建模思想方面提前规划好预设的变量来实现参数化。

7）数据结构建模，数据结构建模方法是一种比较抽象的建模方法，更接近底层的计算机图形学，往往应用于科学研究领域和新视觉技术研发领域，如 Computational Geometry Algorithms Library（计算几何算法库，简称 CGAL），利用 C++语言提供高效、可靠的算法库，被广泛应用于几何计算相关的领域，如信息可视化系统、计算机辅助设计、分子生物学、医学图像处理、计算机图形学、机器人设计等。相比之下，OpenMesh 更加小巧、轻量化，它更专注于三维网格数据结构的表示，适合用于切片软件的开发。

由此可知，如果想要灵活运用不同的计算机辅助设计软件提升增材制造的能力，需要深入理解底层的计算机图形学知识，这样就不会因使用单一软件操作而受到局限。

计算机图形学是一门利用计算机研究可视化图形的表示、生成、处理和显示的相关原理与算法的学科。目前成熟的 OpenGL 和微软的 DirectX 都是计算机图形学的开源库，基于这样的开源库可以编写程序然后实现绘图、建模、渲染等功能。

Catia、Creo、AutoCAD、Rhinoceros、SolidWorks 等都是工业界和设计界常用的软件。通过这些软件，可以在软件中的虚拟空间建立二维、三维模型，实现对脑海中所想象出的形体进行建模，这样无论是对于生产制造还是研发设计，都有直观的参考价值。其中的原理就是构建坐标系去实现各种形体的绘制。有了坐标系，就能在空间中绘制各种各样的曲线或者图形。一条曲线的表达通常是用线段去拟合的（每条线段是由两个点加一条线构成的，两点一定共线），把曲线用若干条线段划分的过程称为离散化。以此类推，曲面的表达是用三角面去拟合的，因为每个三角面是由三个点加三条线构成的，三点一定共面，三角形是最简单的平面图形。线段和三角形都可以称为其所处维度的单纯形。一维单纯形是线段；二维单纯形是三角形（技术拓展四边形）；三维单纯形是四面体（技术拓展六面体），如图 2-2 所示。

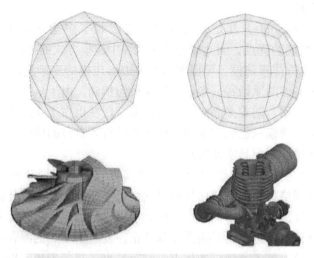

图 2-2　三角形、四边形、四面体、六面体网格

通过单纯形的组合，计算机可以将任何形体用三角形或四面体表达，这种用三角形或四面体表示形体的建模方式称为网格建模，网格通常指的是三角形或四面体及所构成的图形。

网格的存储信息分为两部分，几何信息（顶点坐标）和拓扑信息（顶点连接关系）需要多种类型的数据结构存储，典型的如基于面的数据结构（Faced-Based Data Structures）和半边数据结构（Half-Edge Data Structure）。解决不同的网格编辑问题时，数据结构的选择非常重要，在运行程序时，合适的数据结构能大大提高运行效率，具体的数据结构设计也是一门底层科学。在应用层面，同样的算法，用不同的数据结构来实现，其运行效率会有很大的差别。因此，要熟悉常用的数据结构，以便在合适的时候选用。Nurbs+SubD+网格建模如图2-3所示。

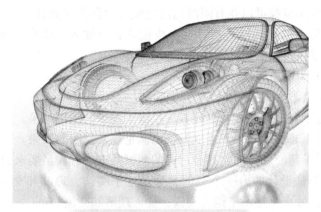

图 2-3　Nurbs+SubD+网格建模

除了网格建模，还有曲线建模，Bezier曲线在生产实践中需要构造复杂图形，通常要多条曲线连接，因为Bezier曲线的阶数与控制点数量是对应的，所以单条曲线如果要更大的自由度必须提高阶数，给计算效率和数值稳定带来问题，从而Nurbs样条曲线应运而生。后来考虑拓扑性问题又发展了表面细分技术，这些曲线建模技术现在已经融合到主流软件中。

计算机图形学的许多问题和物理学者与工程师们研究的问题是紧密联系的，并且物理学者与工程师们使用的数学工具正是计算机图形学研究者们使用的。计算机图形学的学习和实践，应当掌握较宽广的数学知识基础和所蕴含的思维方式，在需要的时候，对相关的数学知识再进行深入的学习和挖掘，保持对计算机图形学强烈的兴趣和乐观向上的学习态度是学习计算机图形学的关键。

2.1.3　算法基础

1. 算法的定义及特性

图形学的程序开发一定要考虑算法适用性和算法复杂度，在数学和计算机科学中，算法（Algorithm）是一个计算的具体步骤，常用于计算、数据处理和自动推理。算法应包含清晰定义的指令用于计算函数。

算法中的指令描述的是一个计算步骤，当其运行时能从一个初始状态和初始输入（可能为空）开始，经过一系列有限而清晰定义的状态，最终产生输出并停止于一个终态。一个状态到另一个状态的转移不一定是确定的。随机化算法在内的一些算法，包含了一些随机输入。

一个算法应该具有以下六个重要的特征。

（1）有穷性（Finiteness）　算法的有穷性是指算法必须能在执行有限个步骤之后终止。

（2）确切性（Definiteness）　算法的每个步骤必须有确切的定义。

1）输入项（Input）：一个算法有0个或多个输入，以描述运算对象的初始情况，所谓0个输入是指算法本身定出了初始条件。

2）输出项（Output）：一个算法有一个或多个输出，以反映对输入数据加工后的结果。

没有输出的算法是毫无意义的。

（3）**可行性**（Effectiveness） 算法中执行的任何计算步骤都可以被分解为基本的可执行的操作步，即每个操作步都可以在有限时间内完成（也称为有效性）。

（4）**正确性** 算法的正确性是指算法至少应该具有输入、输出且加工处理无歧义，能正确反映问题的需求以及能够得到问题的正确答案。

算法正确大体分为四个层次：

1）算法程序没有语法的错误。

2）算法程序对于合法的输入数据能够产生满足要求的输出结果。

3）算法程序对于非法的输入数据能够得出满足规格说明的结果。

4）算法程序对于精心选择的，甚至刁难的测试数据都有满足要求的输出结果。

（5）**可读性** 算法设计的另一个目的是为了便于阅读，理解和交流。写代码的目的之一是使计算机执行，另一个是便于他人阅读，让人理解和交流。

（6）**健壮性** 当输入数据不合法时，算法也能做出相关处理，而不是产生异常或莫名其妙的结果。

算法的设计应满足时间效率高和存储量低的要求。顺序结构是由若干个依次执行的步骤组成的，这是任何一个算法都离不开的基本结构，顺序结构、条件结构、循环结构如下：

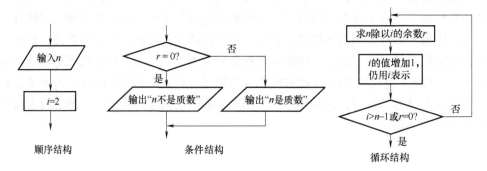

2. **常用的算法思想**

（1）**概率算法** 得益于统计学在近一百年来的重大发展，概率算法是在程序执行过程中利用概率统计的思路随机地选择下一个计算步骤，在很多情况下，算法在执行过程中面临选择时，随机性选择比最优选择省时，使计算机更容易实现，因此概率算法可以在很大程度上降低算法的复杂度。

概率算法大致分为七类：①贝叶斯分类算法；②蒙特卡罗（Monte Carlo）算法；③拉斯维加斯（Las Vegas）算法；④舍伍德（Sherwood）算法；⑤随机数算法；⑥近似算法；⑦机器学习中的概率方法（此类算法种类繁多，建议读者在使用到时直接应用成熟的 AI 平台和框架）。

（2）**递归算法** 递归算法是指一种通过重复将问题分解为同类的子问题而解决问题的方法。即用一个函数或者类方法直接或间接调用本身的一种方法。

1）递归算法的优点：

① 具有确定性，代码可读性好。

② 在树的前序、中序、后序遍历算法中，递归的实现明显要比循环简单方便。

2）递归算法的缺点：

① 当需要处理的数据规模比较大的时候，每次函数调用会在内存栈中分配空间，入栈、出栈较多会使系统效率很低，递归深度太深容易发生栈溢出。

② 容易重复计算。

3）递归算法设计三要素：

① 拆解问题，一个大问题可以被拆分等价于小问题的循环重复。

② 递归返回阶段，上一次自调用的结果是下一次调用的初始值。

③ 边界条件，就是明确递归什么时候结束，终止条件是什么，不能无限制地调用本身，必须有一个出口。

4）递归算法的应用：解决汉诺塔问题，解决排列组合，解决归并排序，解决斐波那契数列（Fibonacci）数列，解决二分法递归查找。

5）递归算法的优化：包括减少重复计算，尾递归。

6）递归与循环：递归与循环都可以处理重复任务的问题，循环没有函数调用，但有时使用循环的算法并不会那么清晰地描述解决问题的步骤。而递归常会带来性能问题，特别是在求解规模不确定的情况下。

（3）搜索、枚举及优化剪枝　搜索在所有算法中既是最简单也是最复杂的算法。说它简单是因为完全交给计算机，实现穷举理论上很容易；说它最复杂，是因为要对搜索的范围进行一定的控制，不然就会出现超时等问题。搜索技术主要包括广度优先搜索和深度优先搜索。当其余算法都无法对问题进行求解时，搜索或许是唯一可用的方法。搜索是对问题的解空间进行遍历的过程。有时问题解空间相当庞大，完全遍历解空间不现实，此时就必须充分发掘问题所包含的约束条件（注：这其实也是科学解决问题的一种通用模式），在搜索过程中应用这些条件进行剪枝，从而减少搜索量。

（4）动态规划（简称 DP）　动态规划是能够把很复杂的问题分解成一个个阶段来处理的递推方法。动态规划必须符合两个特点：无后效性（一个状态的抉择不会影响到更大问题的状态的抉择）及最优化原理（一个大问题的最优性必须建立在其子问题的最优性之上）。动态规划是竞赛中经常出现的类型，而且变化很大（有线性 DP、环形 DP、树形 DP 等），难易度跨度大，技巧性强，甚至还有优化等问题。

（5）贪心算法　贪心算法即所谓的"只顾眼前利益"算法。其具体策略是并不从整体最优加以考虑，而是选取某种意义下的局部最优解。当然使用贪心算法时，要使得到的结果也是整体最优的。

（6）分治、构造法等　分治就是把问题分成若干子问题，然后分而治之；构造是指按照一定的规则产生解决问题的方法。这两种算法都是在合理地分析题目后，通过一定的规律性推导，从而解决问题。快速排序可以认为是利用了分治法。

3. 算法效率的度量方法

根据前面的介绍可知，在设计算法时还要研究解决问题的可行计算方法和计算的复杂程度。

事后统计方法主要是通过设计好的测试程序和数据，利用计算机对不同算法编制程序的运行时间进行时间比较，从而确定算法效率的高低。其缺陷是必须根据算法提前编写好测试程序，花费时间精力较大。运行时间严重依赖硬件及软件等环境因素，可能会影响算法本身的优劣。算法的测试数据设计困难，并且程序的运行时间和测试数据的规模有很大关系。事后统计法往往是没其他办法时所采用的。

事前分析估算方法是在计算机程序编程前，依据统计方法对算法进行估算。

一个用高级程序语言编写的程序在计算机上运行时所消耗的时间取决于下列因素：

1）算法采用的策略，这是算法优劣的根本。

2）编译产生的代码质量。

3）问题的输入规模。

4）机器执行指令的速度。

一个程序的运行时间依赖于算法的好坏和问题的输入规模，所谓问题的输入规模是指输入量的多少。在分析程序的运行时间时，最重要的是把程序看成是独立于程序设计语言的算法或者是一系列步骤。

分析一个算法的运行时间时，重要的是把基本操作的数量与输入规模关联起来，即基本操作的数量必须表示成输入规模的函数。随着问题输入规模（n）越来越大，它们在时间效率上的差异也就越来越大。

（1）时间复杂度　一般情况下，算法中基本操作重复执行的次数是问题规模 n 的某个函数，用 $T(n)$ 表示，若有某个辅助函数 $f(n)$，使得当 n 趋近于无穷大时，$T(n)/f(n)$ 的极限值为不等于 0 的常数，则称 $f(n)$ 是 $T(n)$ 的同数量级函数，记作 $T(n) = O(f(n))$。$O(f(n))$ 称为算法的渐进时间复杂度，简称时间复杂度。

渐近记号（Asymptotic Notation）通常有 O、Θ 和 Ω 记号法。Θ 记号渐进地给出了一个函数的上界和下界，当只有渐近上界时使用 O 记号，当只有渐近下界时使用 Ω 记号。尽管技术上 Θ 记号较为准确，但通常仍然使用 O 记号表示。

一般情况下，随着 n 的增大，$T(n)$ 增长最慢的算法为最优算法。

算法复杂度（Complexity）是指运行一个算法所需消耗的资源（时间或者空间）。同一个算法处理不同的输入数据所消耗的资源可能不同，所以分析一个算法的复杂度时，主要有三种情况可以考虑，最差情况（Worst Case）的、平均情况（Average Case）的、最好情况（Best Case）的。对于算法的分析，一种方法是计算所有情况的平均值，这种时间复杂度的计算方法称为平均时间复杂度。另一种方法是计算最坏情况下的时间复杂度，这种方法称为最坏时间复杂度。一般在没有特殊说明的情况下，都是指最坏时间复杂度。

为什么要分析最坏情况下的算法时间复杂度？因为最差情况下的复杂度是所有可能的输入数据所消耗的最大资源，如果在最差情况下的复杂度符合要求，就可以保证所有的情况下都不会有问题。

（2）空间复杂度　空间复杂度（Space Complexity）是对一个算法在运行过程中临时占用存储空间大小的量度，记做 $S(n) = O(f(n))$。如直接插入排序的时间复杂度是 $O(n^2)$，空间复杂度是 $O(1)$。而一般的递归算法就要有 $O(n)$ 的空间复杂度，因为每次递归都要存储返回信息。一个算法的优劣主要从算法的执行时间和所需要占用的存储空间两个方面衡量。

类似于时间复杂度的讨论，一个算法的空间复杂度 $S(n)$ 定义为该算法所耗费的存储空间，它也是问题规模 n 的函数。渐近空间复杂度也简称为空间复杂度。一个算法在计算机存储器上所占用的存储空间，包括存储算法本身所占用的存储空间，算法的输入输出数据所占用的存储空间和算法在运行过程中临时占用的存储空间这三个方面。算法的输入输出数据所占用的存储空间是由要解决的问题决定的，是通过参数表由调用函数传递而来的，它不随本算法的不同而改变。

分析一个算法所占用的存储空间要从各方面综合考虑。如对于递归算法，一般都比较简短，算法本身所占用的存储空间较少，但运行时需要一个附加堆栈，从而占用较多的临时工作单元；若写成非递归算法，一般可能比较长，算法本身占用的存储空间较多，但运行时将可能需要较少的存储单元。一个算法的空间复杂度只考虑在运行过程中为局部变量分配的存储空间的大小，它包括为参数表中形参变量分配的存储空间和为在函数体中定义的局部变量分配的存储空间两个部分。

若一个算法为递归算法，其空间复杂度为递归所使用的堆栈空间的大小，则它等于一次调用所分配的临时存储空间的大小乘以被调用的次数（即为递归调用的次数加 1，这个 1 表示开始进行的一次非递归调用）。算法的空间复杂度一般也以数量级的形式给出。如果当一个算法的空间复杂度为一个常量，即不随被处理数据量 n 的大小而改变时，可表示为 $O(1)$；当一个算法的空间复杂度与以 2 为底的 n 的对数成正比时，可表示为 $O(\log_2 n)$；当一个算法的空间复杂度与 n 成线性比例关系时，可表示为 $O(n)$；若形参为数组，则只需要为它分配存储由实参传送来的一个地址指针的空间，即一个机器字长空间；若形参为引用方式，则也只需要为其分配存储一个地址的空间，用它来存储对应实参变量的地址，以便由系统自动引用实参变量。

2.1.4 创成式正向设计方法流程

图 2-4 所示为基于增材制造的创成式正向设计流程图。

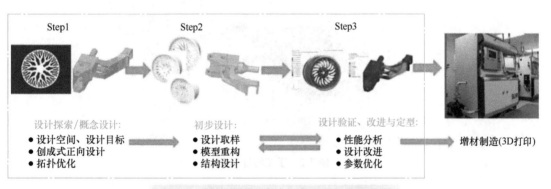

图 2-4 基于增材制造的创成式正向设计流程

增材制造生产有着一定通用化的流程，在研究创成式正向设计之前需要对其有所了解。

1）制作数据模型是整个增材制造过程的第一步。获得数据模型的方法有两种：第一种通过 CAD 软件进行计算机辅助设计，第二种是先通过三维扫描，再通过逆向设计来获得设计模型。在进行增材制造模型设计时，设计要素是增加特色，考虑到增材制造的特殊性，设计要素还包含模型几何特征的极限值，支撑材料（图 2-5）和打孔等的设计。

2）STL 格式转换和文件处理。与传统制造手段不同的是，增材制造的一个关键步骤是将 CAD 模型转化为 STL 格式文件。STL 文件采用三角形（多边形）来呈现物体表面结构。

3）STL 文件创建完成后将导入切片程序转化为 G 指令。G 指令是一种数控编程语言，在计算机辅助制造（CAM）中用于自动化机床控制（包括 CNC 机床和 3D 打印机）。切片程序还可以允许设计师设定建造参数，如支撑、层厚及建造方向。很多打印设备在开始打印之后无须值守，设备会按照自动程序运行，当材料用完或者软件故障时才会出问题。

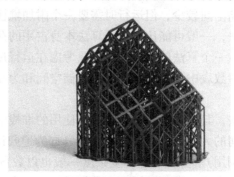

图 2-5　添加支撑材料

4）取出打印件。对于一些增材制造技术，取出打印件就像将打印件与构建平台分离一样简单；而对于一些工业 3D 打印机，当打印件沉浸在打印材料中或者与构建平台粘接在一起时，打印件的取出需要较高的技术性。这些制作工艺需要复杂的移除步骤，需要高度熟练的操作人员在确定设备安全和环境可控的条件下进行操作（图 2-6）。现在工业界也开展了用工业机械手进行移除毛刺的研究和应用。

图 2-6　手工移除毛刺

5）后处理过程。后处理过程根据打印工艺而有所不同，SLA 零件在后处理前需要紫外光固化，金属零件需要在退火炉中进行去应力退火，FDM 零件可以直接移除。对于添加的支撑，在后处理过程中也需要去除。许多增材制造材料可以用砂纸打磨，或者通过其他技术如喷砂、高压气体清洁、抛光及喷漆来满足使用效果。

熟悉上述的过程对于设计活动适应增材制造有很大好处。设计活动不仅可以在详细设计的过程中利用增材制造来改进零部件的拓扑结构和多零部件的合并，更重要的则是一开始就从全局思考增材制造的生产方式会给产品带来哪些战略性优势。在此过程中做出更优化的决策，往往是多类型方案的折中选择，而不盲从单一的设计规则。

面向增材制造的设计（Design for Additive Manufacturing，DfAM），一般指设计师利用增

材制造的特色优势进行产品设计的过程。因此，DfAM 应该遵循用于生产的增材制造技术的特定工艺的约束。生产管理流程如图 2-7 所示。

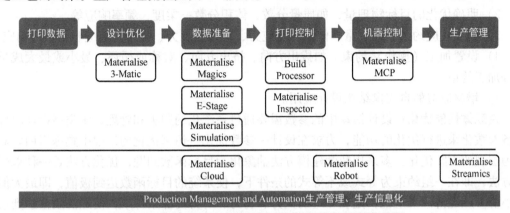

图 2-7　Materialise 公司倡导的增材制造生产管理流程

设计原则 1　零件优化和合并原则

增材制造的一大特色是可以制造出具有复杂特征的零件和产品，对于传统生产设计的零部件在设计之初就可以考虑是否具备优化、轻量化和合并的可能性。

设计原则 2　避免各向异性造成的力学性能差异

增材制造加工出的每个零件的质量（强度、材料性能、表面质量和支撑结构等）都与打印方向直接相关。因此，设计时要周密考虑零件的打印方向。批量化零件应该是定向的，以使得零件的特征在最大强度方向打印，一般是在水平方向。对于所有尖锐的边缘都最好进行倒角处理，减少发生在尖锐角落和过渡处的应力集中。一个很好的经验法是把圆角做成厚度的 1/4。对孔的圆度的加工要求很高，最好是在竖直方向上进行打印。水平打印的孔受到阶梯效应影响，会略微成椭圆形。因此要合理设计支撑结构。还有构件的总高度决定了它将需要多少层材料，最佳的打印方向通常是构件总高度最小的方向。

设计原则 3　使用拓扑优化和晶格结构

优化设计可以使设计师从众多设计方案中获得较为完善的最优方案，因此在 GD 中十分重要。根据设计变量的类型不同，优化设计分为尺寸优化、形状优化和拓扑优化。

（1）尺寸优化　尺寸优化是优化设计中的最低层。它在给定结构类型、材料、拓扑布局和外形几何的情况下，优化各个组成构件的横截面尺寸，使结构最轻或最经济。

（2）形状优化　形状优化是优化又进阶一层，假设结构的几何形状发生变化，如把桁架和刚架的节点位置或连续体边界形状的几何参数作为设计变量。

（3）拓扑优化　若再允许对桁架节点连接关系或连续体结构的布局进行优化，则优化达到最高的层级，即结构的拓扑优化。拓扑优化相对于尺寸优化和形状优化，设计自由度更高，设计空间更广阔，最具发展前景。

拓扑优化一方面可以协助设计师通过给定的产品性能要求，在指定的设计空间内快速、准确地实现产品设计；另一方面，可以优化、改善结构性能、减轻产品质量，最后找到一种全新的设计方案。GD 中的优化技术主要是拓扑优化（Topology Optimization，TO），即根据已有的负载情况、约束条件和性能指标，在给定的区域内对材料分布进行优化。拓扑优化往往用于设计仿真验证的分析。其简要流程包括以下几方面。

1）对指定优化区域的几何体和边界条件进行定义。

2）明确优化的目标物理量，如质量分数、体积分数、柔度、频率响应等。

3）建立响应约束，如质量、体积、全应力、位移、反力、频率、响应和自定义响应。

4）设置加工（操作）约束，如拔出方向、挤出方向、对称或循环、最小或最大成员尺寸等加工约束。

5）增材制造的自支撑结构设计应用。

装配体性能优化：设计活动中的参数需要通过系统化的归类和管理，多类型设计软件都具备参数化来进行优化的功能，力求在设计—参数优化—仿真优化的过程中熟练运用。对于更为宏观的方案优化，多采用数学建模方法抽象化为目标函数问题，优化方法是一种求极值的方法，即在一组约束为等式或不等式的条件下，使系统的目标函数达到极值，即最大值或最小值。从经济意义上说，是在一定的人力、物力和财力资源条件下，使经济效益达到最大（如产值、利润），或者在完成规定的生产或经济任务下，使投入的人力、物力和财力等资源最优分配。

在机械结构件设计中，GD方法开始被大量运用。对于超出设计者经验的新型结构，GD是最有效的设计工具。但区别于传统的经验式设计模式，GD面临一个极大的难题是：结构形式复杂，可制造性差，依靠传统的制造方法根本无法制造出产品原型，但随着增材制造技术的发展，通过创成式正向设计完成的产品结构开始能够在短时间里被加工制造出来。

2.1.5　形式语言理论和GD编程环境

在几千年的数学发展史中，人们研究了各种各样的计算，创立了许许多多的算法，但以计算或算法本身的性质为研究对象的数学理论是在20世纪30年代开始发展起来的。当时为了要解决数学基础的某些理论问题，即是否有的问题不是算法可解的，数理逻辑学家提出了几种不同的算法定义，从而建立了算法理论（即可计算性理论）。

形式语言理论：在这种理论中，形式语言分为四种：0型语言、1型语言、2型语言、3型语言；相应地存在0型、1型、2型、3型四种形式文法。1型语言又名上下文有关语言，2型语言又名上下文无关语言，3型语言又名正则语言。

计算机语言（Computer Language）指用于人与计算机之间通信的语言。计算机语言是人与计算机之间传递信息的媒介。计算机系统的最大特征是指令通过一种语言传达给机器。为了使计算机进行各种工作，就需要有一套用以编写计算机程序的数字、字符和语法规则，由这些字符和语法规则组成计算机各种指令（或各种语句）。这些就是计算机能接受的语言。

20世纪40年代计算机刚刚问世的时候，程序员必须手动控制计算机。随着计算机价格的大幅度下跌，计算机程序越来越复杂，也就是说，开发时间已经远比运行时间宝贵。于是，新的集成、可视化的开发环境越来越流行，可以减少开发所付出的时间、金钱以及脑细胞，只要轻敲几个键，一整段代码就可以使用了，这也得益于可以重用的程序代码库。随着C、Pascal、Fortran等结构化高级语言的诞生，程序员可以离开机器层次，在更抽象的层次上表达意图。由此诞生的三种重要控制结构及一些基本数据类型都能够很好地开始让程序员以接近问题本质的方式去思考和描述问题。随着程序规模的不断扩大，在20世纪60年代末期出现了软件危机，在当时的程序设计模型中都无法克服随着代码的扩大而级数般扩大的错误，这个时候就出现了一种新的程序设计方式和程序设计模型——面向对象程序设计，由此也诞生了一批支持此技术的程序设计语言，如 Eiffel、C++、Java，这些语言都以新的观点去看待问题，即问题是由各种不同属性的对象以及对象之间的消息传递构成的。面向对象语言由此必须支持新的程序设计技术，如数据隐藏、数据抽象、用户定义类型、继承、多态等。

GD 可以通过多种语言实现程序设计，其中较为常用的是 Processing 语言，该语言于2001 年由麻省理工学院媒体实验室提出，项目发起的初衷是为了满足他们自身的教学和学习需要。后来基于 Processing，又诞生了多个语言的版本，如基于 JavaScript 的 Processing. js，还有基于 Python、Ruby、ActionScript 及 Scala 等版本。而当前的 Processing，成立了相应的基金会，由基金会负责软件的开发和维护工作。

Processing 项目是用 Java 语言开发的，所以 Processing 天生就具有跨平台的特点，同时支持 Linux、Windows 及 Mac OSX 三大平台，并且支持将图像导出成各种格式。对于动态应用程序，甚至可以将 Processing 应用程序作为 Java Applet 导出以用在 Web 环境内。为了降低设计师的学习门槛，用 Processing 进行图形设计的编程语言并不是 Java，而是重新开发了一门类似 C 语言的编程语言，这也让非计算机科班出身的设计师很容易上手。

2.1.6 商业软件介绍

1. 具有 GD 功能的结构设计软件—Rhinoceros

Rhinoceros 是一款基于 Nurbs（NURBS 是 Non-Uniform Rational B-Splines 的缩写，即非均匀有理 B 样条。）的三维建模软件，简称 Rhino。Nurbs 是专门做曲面造型的一种设计手法，其造型总是由曲线和曲面来定义的，所以要在 Nurbs 表面内生成一条有棱角的边是很困难的。因此设计师可以利用这一特点做出各种复杂的曲面造型或表现特殊的效果，如特殊的纹理或流线型的跑车等。

Grasshopper（简称 GH）是一款基于 Rhino 环境，采用程序算法生成模型的插件，是目前设计专业参数化设计的入门软件。与传统建模工具相比，GH 的最大的特点是可以向计算机下达更加高级、复杂的逻辑建模指令，使计算机根据拟定的算法自动生成模型结果。通过编写建模逻辑算法，机械性的重复操作可被计算机的循环运算取代，同时设计师可以在设计模型中植入更加丰富的生成逻辑。无论在建模速度还是在水平上与传统工作模式相比，都有较大幅度的提升。

2. 3-matic

它是比利时 Materialise 公司开发的基于数字化 CAD（STL）的正向工程软件，3-matic 是产品设计到产品制造的快捷方式，所有操作都是基于数字化的形式（基于三角片）进行处理，可以直接减少逆向工程和传统 CAD 之间循环的反复操作，直接由 STL 格式模型进行后续 RP、CAE、CAD、CAM 处理。

基于数字化 CAD 的正向软件是这个创新性解决方案的核心理念，它彻底改变了产品设计准备到产品研发制造流程之间的不断反复的过程，形成了一种以正向工程为理念的企业生产流程。它支持设计变更、造型修复、网格重划分并创建 3D 结构、轻量化模型（图 2-8）、适形结构，可以有效服务于增材制造的各个流程环节，应用领域包括医疗保健、航空航天、消费品、汽车和艺术设计的辅助设计。

数字化 CAD 与传统 CAD 不同之处在于传统 CAD 大多通过 Nurbs 的点、线、面三种几何元素描述模型，而数字化 CAD 用单一的三角片元素表示模型。这与虚拟图像和数字图像的概念类似，数字化是现今社会的主流，单一的三角片元素减少了不同元素之间繁琐的几何关系运算，使得模型处理得更快捷自动。

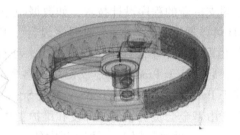

图 2-8　3-matic 轻量化模型功能

3. nTopology Element Pro

它是专业创成式正向设计平台，使用数学函数来表征几何结构外形及内部特征，简化了创成式正向设计、复杂晶格结构设计、拓扑优化，如复杂晶格和周期性结构、可控圆角的布尔运算、变厚度抽壳、复杂的穿孔图案、特殊的表面纹理、极小曲面（TPMS）单元变尺寸、变厚度设计等自动化、驱动式设计，还配套了可以进行有限元分析的组件。其优点在于极大地提高了设计效率，对于复杂晶格结构设计、拓扑优化方面会有几百倍速度的提升。

4. Generative Components（Bentley Systems 参数化建模插件）

它是一款建筑设计软件，能快速浏览最复杂建筑的大批"假设"方案，能够在更短的时间内发现更多潜在机会，有效地创建和管理复杂的几何关系图。通过自动化设计流程，能够加速设计迭代，追求形式更自由的设计，设计师可以进行前所未有的设计和探索。

5. Dynamo for Revit

Dynamo 是基于 Revit 的参数化设计的辅助工具，它可以实现 Revit 自身无法实现的功能，功能极其丰富和强大。Dynamo 也是一种编程工具，它的程序非常灵活，可以跨行业使用。

Dynamo 也是一种可视化编程工具，用于定义关系和创建算法，可以在三维空间中生成几何图形和处理数据。在使用 Dynamo 电池的时候，使用者需要像程序员一样思考，不仅要熟悉三维模型的构建流程，还需要知道各个电池组件之间的关系。

使用者想要成功地利用 Dynamo 进行参数化应用的关键点，在于充分掌握 Dynamo 的工作方式，并且需要在构建参数化前建立清晰的规划过程。

6. Sverchok for Blender

Blender 是一款跨平台全能三维动画开源制作软件，软件内置从建模、动画、材质、渲染、音频处理、到视频剪辑等一系列动画短片制作方案。Blender 针对不同工作环境内置多种用户界面，包括录屏抠像、摄像机反向跟踪、遮罩处理、后期合成等高级影视制作方案。同时还内置有卡通描边（FreeStyle）和基于 GPU 技术的 Cycles 渲染器。以 Python 为内建脚本，支持多种第三方渲染器。Sverchok 是 Blender 中的一个参数化建模插件，能够实现静态与动态三维模型的制作，完成 Blender 难以实现的有机形态模型构建。

7. 具有 GD 功能的其他 CAD 软件

1）Creo 是美国 PTC 公司开发的计算机辅助设计软件，具有建模、验证、装配、人机工程分析等功能，也包含了基本的 CFD 和疲劳分析仿真，整合了 Pro/Engineer 的参数化技术、CoCreate 的直接建模技术和 ProductView 的三维可视化技术。

2）Catia/Generative 是法国达索公司开发的一种创成式三维建模软件，能够实现面向生产加工的复杂造型构建，具有以下基本功能：创成式工程绘图 GDR、创成式外形设计 GSD、创成式曲面优化 GSO、创成式零件结构分析 GPS、创成式装配件结构分析 GAS。Digital Project（DP）参数化建模软件，是以 Catia 为基础精简改进而成的，去除了大量被认为在建筑领域不需要的功能。

3）Autodesk/Netfabb。美国欧特克公司在涉足制造业产品后，先后收购了包括 Moldflow、Delcam 及 Pan Computing 在内的一系列软件和制造加工企业，在整合资源后推出了 Autodesk/Netfabb 创成式工程软件。在 Autodesk Netfabb 的解决方案中，融合了 Delcam 的机加工技术和 Pan Computing 用于增材制造的模拟仿真软件，是目前行业中真正具备生产实践能力的软件系统之一。

4）Solid Edge ST10 是一款由西门子公司发布的功能强大、操作友好的全新模型设计软件，Solid Edge ST10 采用全新的创成式建模、增材制造和逆向工程功能，所有这些功能均通过 Siemens 收敛建模技术实现，可以简化复杂的设计和制造过程。并且以全新的设计技术、增强的流体和热传递分析以及云协同工具，为设计、仿真和协作提供强大的附属功能，全面提升产品开发每个阶段的效率和质量。同时搭配使用拓扑优化与创成式正向设计的系统工具，优化产品的重量、强度和材料用量，使设计人员能够大幅提高产品设计效率，显著增强几何体处理能力。

5）ANSYS SCADE 是一款能够对模型快速进行嵌入式处理的工具，可以对 3D CAD 快速设计和制作，软件支持正式定义的 SCADE 语言的本机集成，涵盖需求管理、基于模型的设计、自动生成计算机编码等内容。

2.2　创成式正向设计方法的应用及前景

2.2.1　深入产品开发各个环节

NPDP（New Product Development Professional，新产品开发专业人士）又称产品经理国际认证，它由美国产品开发与管理协会（PDMA）发起，是国际公认的新产品开发专业认证，集理论、方法与实践为一体的全方位知识体系，覆盖产品的所有方面，包括新产品开发战略、产品组合管理、新产品开发流程、团队管理、市场调研、产品开发工具、产品生命周期管理七大模块，系统化了解相关知识有助于从整体层面理解产品开发设计，知识体系如图 2-9 所示。可以看出，这七大模块在新产品的创造生产、推广、升级、成熟和衰退的全生命周期中发挥着重大的作用。

企业必须对产品开发方式做出两个重要决策，即明确产品开发的流程和产品开发的组织。产品开发前做好创新战略规划和必要的组织部门准备工作，立项前完成市场研究、需求分析、概念抽象等环节；开展商业论证、可行性分析之后，开展概念分析，形成概念组合。企业在规划产品开发流程时会安排好组织部门职能分配，并且也会依据职能和项目之间的联系形成项目式组织（图 2-10）。

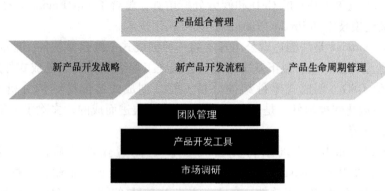

图 2-9　NPDP 知识体系

能够感知市场的创新企业往往会把基本开发流程发展出设计——构建——测试循环评审的回路，把详细设计、原型化和测试活动重复多次，并利用创新技术和工具整合产品的综合竞争优势。优秀的开发往往可以打破壁垒，缩短产品上市时间，降低成本和提高质量。

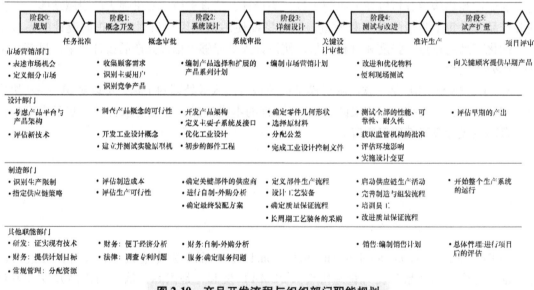

图 2-10　产品开发流程与组织部门职能规划

成本是产品开发获得经济成功的关键因素，一个产品的经济性取决于每件产品获得的利润以及企业的销售量，利润是产品的销售价格与其制造成本之差。经济性好的设计就是在确保产品高质量的同时降低产品成本。了解制造成本如原材料、人力、外购部件、设备、信息成本、工装成本、能源成本、服务成本、废料处理成本、环保成本等，考虑运输成本，固定成本和可变成本，估算标准件、定制件、零部件和装配成本，选择生产规模，制定工艺标准化等。因此，开发设计人员会提出面向制造的设计方法模型（DFM）来统筹管理上述因素，创成式正向设计（GD）在 DFM 过程中起到了重要作用。

原型同样是产品开发获得成功的重要因素，原型往往担负着设计迭代，功能集成测试和试验试产等重要功能，原型的实体化过程离不开创成式正向设计，创成式正向设计可以提供更多的灵活性，检测与解析性，以降低迭代成本，加快多功能开发，重构活动组织效率。

创成式正向设计也会在设计专利和实用新型专利等知识产权领域对使用者有很大的帮助，特别是在提交专利申请的多个环节中提高效率。

产品生命周期还包括产品的可持续发展的创新环节，产品生命周期管理（Product Lifecycle Management，PLM）系统可帮助企业利用数字主线/数字映射、创成式正向设计、增材制造、工业 IoT 和增强现实技术的竞争优势来推动创新。产品生命周期管理是一种应用在单一地点的企业内部、分散在多个地点的企业内部，以及在产品研发领域具有协作关系的企业之间，支持产品全生命周期信息的创建、管理、分发和应用的一系列应用解决方案，如图 2-11 所示。它能够集成与产品相关的人力资源、流程、应用系统和信息。（PLM 市面上有多种类型，有 PTC 科研型、西门子制造生产型、达索项目管理型）

2.2.2 适合敏捷制造

敏捷制造是面向 21 世纪的新型生产方式，在具有创新精神的组织和管理结构、先进制造技术、有技术和知识的管理人员三大类资源支柱支撑下得以实施，也就是将柔性生产技术、有技术和知识的劳动力与能够促进企业内部和企业之间合作的灵活管理集中在一起，通过所建立的共同基础结构，对迅速改变的市场需求和市场进度做出快速的响应。敏捷制造比起其他制造方式具有更灵敏、更快捷的反应能力。敏捷制造主要包括三个要素：生产技术、组织方式、管理手段。

1. 敏捷制造的生产技术因素

具有高度柔性的生产设备是创建敏捷制造企业的必要条件，以具有集成化、智能化、柔性化特征的先进制造技术为支撑，建立完全以市场为导向，按照需求以任意批量且快速灵活地制造产品，支持顾客参与生产的生产系统。该系统能实行多品种、小批量生产和绿色无污染制造。

在产品设计和开发过程中，利用计算机的过程模拟技术，可靠地模拟产品的特性和状态，精确地模拟产品生产过程，既能实现产品、服务和信息的任意组合，又能丰富品种、缩短产品设计生产准备、加工制造和进入市场的时间，从而保证对消费者的需求进行快速灵敏的反应。

2. 敏捷制造的组织方式

新产品投放市场的速度是当今最重要的竞争优势。最快推出新产品的一大因素是利用不同公司的资源和公司内部的各种资源，这就需要企业内部组织的柔性化和企业间组织的动态联盟。虚拟公司是理想的一种形式。虚拟公司就像专门完成特定计划的一家公司，只要市场机会存在，虚拟公司就存在；市场机会消失了，虚拟公司也随之解体。能够经常形成虚拟公司的能力将成为企业一种强有力的竞争武器。只要能把分布在不同地方的企业集中起来，敏捷制造企业就能随时构成虚拟公司。如在美国，虚拟公司将运用国家的工业网络把综合性工业数据库与服务结合起来，以便能够使公司集团创建并运作虚拟公司。

敏捷制造企业必须具有高度柔性的动态组织结构。根据产品的不同，采取内部团队、外部团队与其他企业合作或虚拟公司等不同形式，来保证企业内部信息能够瞬时沟通，保证迅速抓住企业外部的市场，而进一步做出灵敏反应。

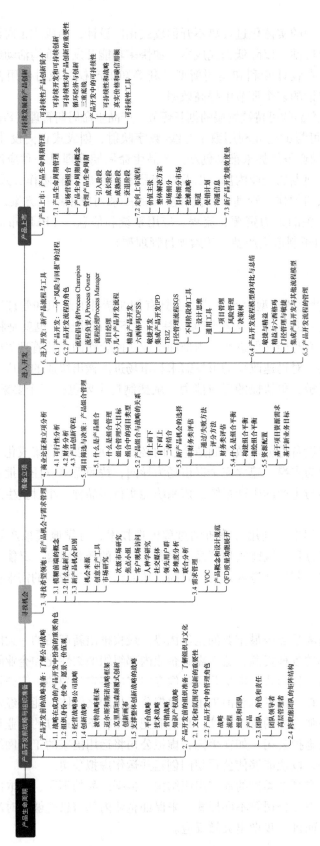

图 2-11 产品生命周期管理

3. 敏捷制造的管理手段

以灵活的管理过渡到组织、人员与技术的有效集成，尤其是强调人的作用。敏捷制造在人力资源上的基本思想是，在动态竞争环境中，最关键的因素是人员、柔性生产技术和柔性管理。要使敏捷制造企业的人员能够实现他们自己提出的发明和合理化建议，就需要提供必要的物质资源和组织资源，支持人们的行动，充分发挥各级人员的积极性和创造性。有知识的人是敏捷制造企业最宝贵的财富。不断对人员进行培训、提高素质，是企业管理层的一项长期任务。

在管理理念上要求具有创新和合作的突出意识，不断追求创新。除了充分利用内部资源，还要利用外部资源和管理理念。

在管理方法上要求重视全过程的管理，运用先进、科学的管理方法和计算机管理技术等。

2.2.3　不同领域的应用

GD+AM 技术融合应用的实例较多，从个性化定制的家具、仿真骨骼，到自行车链条、汽车与航空航天零部件等，相关案例已屡见不鲜。具体来说，主要集中在以下几个领域。

（1）航空航天、国防军工　用于钛合金大型承力结构件、航空发动机叶片零部件等的设计与制造。

（2）汽车等工业制造业　用于高端汽车或赛车的概念设计、原型制作、产品评审、功能验证，发动机等复杂零件的直接和间接制造，异形复杂表面零部件的制造。

（3）医疗　制造仿生骨骼、假肢等。

（4）消费品　用于个性化家具、时尚首饰和配饰、服装鞋帽等的直接制造。

1. 大型客机组件

2015 年 12 月，Autodesk 公司对外公开了其首次应用金属增材制造方式，为空客 A320 飞机设计的机舱隔离结构。该项目采用 GD 模式，由空客公司和 Autodesk 的 The Living 工作室共同开发，采用了空客子公司 APWorks 开发的一种新型超强轻质合金材料 Scalmalloy（铝-镁-钪合金），通过直接金属激光烧结成型（DMSL）技术制备而成。这种新型的仿生隔离结构由若干个不同部件组成，采用轻量化结构设计，不同于传统机舱隔离结构，其强度更高，并且使整个增材制造的机舱隔离结构重量比之前要轻 45%（约 30kg）。为了创造出尽可能耐用和轻量化的隔离结构，该团队寻求从自然界获取灵感，基于定制算法模拟细胞结构和骨骼生长。此外，团队还通过模拟睡莲的强结构来探索如何减轻部件质量，以及从鱼的下颚形态中寻求灵感来改进扭转弹簧的设计。目前，该增材制造的仿生隔离结构已经通过了 16g 过载测试，并且顺利成为 A320 客机的标准组件，如图 2-12 所示。

2. 超轻型电动摩托车

空客集团 APWorks GmbH 发布了世界上第一辆增材制造摩托车 Light Rider，这款 3D 摩托车最大的特点是重量轻、结构优，其车身总重量仅为 35kg，比普通的电动摩托车重量轻了 30%。而空客集团能取得这样的突破，与其综合应用两大技术有重大关系，一是采用了由增材制造技术制成的超强且轻质的合金材料 Scalmalloy；二是通过 GD 技术，将框架设计成仿生力学结构，实现了材料的最佳分布。

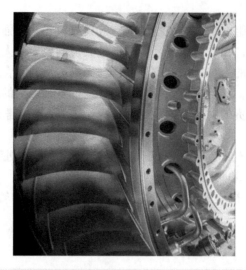

图 2-12　基于增材制造技术加工的 A320 客机发动机叶片

Light Rider 车架结构的优化设计，首先是要指定一些设计参数作为边界条件，在需要优化区域定义一个大的设计空间，这个设计空间与摩托车车架的外形尺寸相对应，有了这些定义，软件就知道载荷被引入的位置和各零部件之间的关系，如图 2-13 所示。

图 2-13　增材制造摩托车 Light Rider

通过仿真计算，该软件可以确定最佳的传力路径，并为工程师提供详细、必要的材料布局。在这种优化运算中，需要考虑摩托车车架上多种不同的载荷工况，如正常轮胎上的力、摩擦等载荷，摩托车不同点的受力情况，如把手或脚踏板上受拉或受压载荷等。

在创建设计空间时，摩托车的所有装配关系也必须考虑在内，这些被定义为特定的边界条件，如必要的钻孔位置和安装点，即使在初始的规划阶段，工程师们必须确定所有的螺栓连接关系，不能遗漏任何细节，以创建一个完整的装配产品。

Light Rider 展示了利用拓扑优化、新材料、增材制造以及仿真驱动设计流程的益处，即整体减重和提升性能的潜力。这些数字很好表达了这一能力：摩托车总重量为 35kg，车架的重量只有 6kg，这辆 4kW 的电动车从 0 加速到 45km/h，只需 3s。

3. 桥梁设计

来自荷兰的 3D 打印研发公司 MX3D，采用增材制造技术在阿姆斯特丹市中心建造了一座桥，基于荷兰设计师 Joris Laarman 创新的悬浮式金属增材制造系统，采用了六轴机器人手臂，材料采用了由代尔夫特大学开发的钢复合材料，鉴于材料和自由的机器人手臂，该系统非常适用于大型基础设施的项目，如图 2-14 所示。

图 2-14 MX3D 利用增材制造技术建造的桥梁

该大桥于 2017 年底完工。完工的桥长 24ft[⊖]，允许正常的步行交通。与传统方式制造的大多数桥梁相比，增材制造的桥梁具有更加美丽的外观、复杂的设计和更多的细节。由于增材制造技术允许控制细节的颗粒度，因此桥梁可以设计得更加华丽，并且几乎是定制的外观，这是机械制造的桥梁所无法做到的。

4. 最长的航天器部件

RUAG Space 是欧洲航空航天行业的领先设备供应商，他们利用先进的拓扑优化技术，设计和优化了有史以来最长的工业级增材制造航天器部件之一。借助优化方法，制造商可确定哪些材料在结构中是必不可少的，哪些材料在移除后不会对性能造成负面影响，并就此来减轻重量。通过优化过程可确定理想的材料布局，再通过增材制造技术可构造出更接近这一理想设计的形状，如图 2-15 所示。

增材制造技术有着广泛应用的同时，也存在着与各行业的技术融合的过程。在技术融合过程中，深入学习国家标准/国际标准/行业标准和获得经验是非常必要的。

通用平台：

（1）中国标准服务网

网址：http://www.cssn.net.cn/

（2）全国标准信息公共服务平台 提供国内所有的国家标准（5 万多项）、行业标准（4 万多项，其中电力 DL 行业标准 2044 项）、地方标准（4 万多项）、团体标准、企业标准、国际标准（近 8 万项）的查阅，提供大部分国家标准的在线阅读。

⊖ 1ft = 0.3048m。

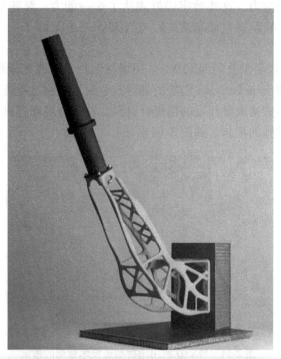

图 2-15 RUAG Space 利用增材制造技术生产的航天器部件

网址：http://std. samr. gov. cn/

（3）**中国国家标准化管理委员会** 登录官网，通过右侧通道可以进入国家标准全文公开系统、全国标准信息公共服务平台以及标准化业务协同系统等。

网址：http://www. sac. gov. cn/

（4）**国家市场监督管理总局** 登录国家市场监督管理总局官网，通过服务入口可以进入国家标准全文公开系统。

网址：http://www. samr. gov. cn/

（5）**中国政府网** 中国政府网开通了国家标准信息查询频道，提供所有国家标准、行业标准及地方标准的查询，国家标准的在线阅读及部分下载，行业及地方标准部分能提供在线阅读。

网址：http://www. gov. cn/fuwu/bzxxcx/bzh. htm

2.2.4 未来发展前景

1. 融合物联网（IoT）技术

物联网是新一代信息技术的重要组成部分，也是智能制造时代的重要发展阶段，其英文名称是 Internet of Things（IoT）。利用物联网技术，设计师/工程师将有机会获得更好的产品洞察力。利用支持物联网的产品或设备，可以将产品的使用数据传输到工程师手中。通过对这些大数据进行分析，工程师可以更加了解产品的实际使用情况、客户通常会在哪些方面遇到问题，以及哪些功能不常用。

这些分析结果可以为后续的创成式正向设计提供宝贵的建议，以便围绕产品增强做出更好的决策，例如，如何提高易用性、从哪些方面提高质量以及哪些创新想法最能让客户受益。借助这些有力的数据，工程师将获得前所未有的能力，可以对其产品的竞争力产生直接影响。

将创成式正向设计与 IoT 融合，不仅可以获取更多产品的使用情况数据，还可以从这些数据中获得价值。之后对这些数据进行分析，就能在现实而非假设的基础上提出更出色、智能的设计方案。

2. 融合虚拟现实（VR）和增强现实（AR）技术

VR 通过触摸智能手机屏幕来执行操作或者通过触摸视觉标记来执行操作，将设计作品叠加到真实的环境，将不同的假设和原型直观呈现出来。基于 AR 技术，产品设计变得更快速、更智能。

将创成式正向设计与 AR 融合，可以帮助相关部门用最短的时间正确理解产品，此外，基于增强现实能力，也可将通过物联网技术采集的产品信息更加直观的展示。未来，将通过连通数字世界和物理世界来展开产品评审工作，物理样机将成为过去式。

较高的成本也是妨碍增强现实技术应用于服务设计的抑制因素，但是对于大规模项目来说，它将成为一种无价的工具。

3. 融合云

基于云的架构，用户通过各种终端（PC、手机、平板电脑），在网络环境下打开浏览器登录并开展创成式正向设计相关工作。这种模式颠覆了以往的对 CAD、CAE、OPT 软件的使用习惯，工作模式也会随之发生极大变化。借助网络及云端工具，IT 部门不再担心公司计算机的更新换代，协作单位也不需考虑 CAD、CAE、OPT 工具版本的问题，对于研发人员遍布全国或者国外的协作企业情况，将创成式正向设计的过程迁入云端也是一大福音。

4. 数字孪生

"十四五"时期，信息化进入加快数字化发展、建设数字中国的新阶段，工业环境发展到高级阶段，最初的工业数据也积累到巨大规模，有需求也有能力实现快速的模型设计和实时的分布式仿真优化，企业充分利用物理模型、传感器更新、运行历史等数据，集成多学科、多物理量、多尺度、多概率的仿真过程，在虚拟空间中完成映射，从而反映相对应的实体装备的全生命周期过程。这就是数字孪生技术，数字孪生的应用场景如图 2-16 所示。

制造业　　　　　　航空航天领域　　　　　　石油、天然气领域

交通领域　　　　　　能源领域　　　　　　医疗健康领域

图 2-16　数字孪生在诸多工业领域的应用场景

习　题

1）请描述创成式正向设计的方法和流程。

2）建模技术的种类有哪些？各有什么优缺点？

3）对比传统设计流程与创成式正向设计流程的异同。

4）熟悉 Rhino GH 软件基本界面。

5）搜集相关资料描述 GD 应用前景。调研一些创成式正向设计典型案例。

第 3 章　从需求到产品概念

现代科技的蓬勃发展使硬科技的产品越来越多，产品的开发设计越来越趋向于多层次的结构需求，既要有科技功能，又要有柔性交互，能精准把握消费者需求，驱动产品与消费者建立深度的用户关系。产品的核心功能已经超越了传统的品牌、风格、参数等而成了产品的关键内核。因此，从需求出发进行产品的设计是首要环节。新型的产品靶图如图 3-1 所示。

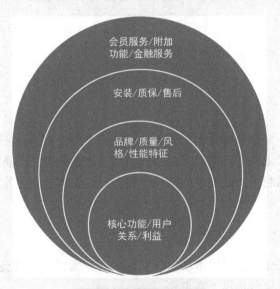

图 3-1　新型的产品靶图

3.1　需求分析

什么是需求？

需求的来源从表象上来看有很多，但是总结起来就是两点，一个是来自用户的痛点，另一个是来自用户的兴奋点，由痛点产生的需求，大多数会成为刚性需求，这个痛点的强度越大，人们产生改变这个痛点的想法就越强烈，需求也越旺盛。而由兴奋点产生的需求往往是非刚性需求，它的需求同样可以很旺盛，但是在优先级排序上，不及前者。

产品开发流程是一个迭代的过程，主要包含识别顾客需求、建立目标规格等若干个阶段，如图 3-2 所示。这一流程始于对产品开发机会的识别，这些机会在很大程度反映了市场/用户需求的发展方向。

图 3-2　产品开发流程

识别用户需求的目的在于：保证产品满足顾客需求；识别潜在的（或隐含的）需求以及明确的需求；提供判断产品规格的事实基础；建立开发流程所需活动的原始记录；保存重要的顾客需求信息；在开发团队成员中形成对顾客需求的统一认识。

需求识别包含五个步骤：

1）收集顾客原始数据。

2）从顾客需求角度出发，理解原始数据，陈述需求的关系。

3）归纳需求层次。

4）确定需求权重。

5）反思结果与分析流程。

3.2　用户需求获取

产品设计从本质上来说是以人为出发点的设计，人们对产品设计的需求不仅停留在生理需求的层面上，也逐步上升到心理需求的层面。需求收集是进行产品需求管理的第一步，其得到的各种用户需求素材是产品需求的唯一来源。可以说需求收集的质量影响着产品最终的质量。

3.2.1　需求收集目标

需求收集的目的在于：通过以市场为导向收集客户需求，保持公司产品的核心竞争力，最终实现产品创新。具体包括以下六点：

1）深刻理解市场需求、用户需求，准确把控行业发展趋势，保持高度的市场敏感性。

2）保证产品研发是围绕客户需求而展开，真正实现产品研发以市场为导向、以客户为中心，而不是闭门造车。

3）实现产品创新。通过有创新性的新卖点、新产品的持续不断推出，保证公司产品核心的竞争优势。

4）及时了解竞争对手相关产品及市场策略，做到知己知彼。

5）通过需求收集等相关活动，有机连接市场营销部门与产品研发部门，建立跨职能部门、端到端的流程进行需求开发。

6）加强与用户互动，提高用户忠诚度及黏性。

3.2.2　需求收集准则

以公司的产品愿景、产品战略为指导，需求收集准则应该面向细分的目标用户群，而非普遍撒网；对不同的用户需求进行优先级排序，在出现需求矛盾时便于取舍；确定能实现或者不能实现的需求。

3.2.3　需求收集方法

建立需求收集机制，明确每个需求收集活动参与者的岗位职责、建立需求预处理流程、周期性地重复需求收集活动；使用统一的需求收集系统；采取一定的需求收集技术和方法，例如原型法、头脑风暴、用户访谈法、问卷调查法、标杆分析法、观察不期而遇的用户、各种会议（如用户大会、展览会、学术研讨会等）、支持团队（运营团队、技术支持团队）谈话、客户热线、客户满意度调查、用户行为分析、合作开发等。

需求收集应该收集用户真正面临的问题和业务场景，这样才能够捕获用户真正的需求，而不是只注重用户提出系统需要实现怎样的功能，需求收集不是需求汇总。用户的需求是产品的价值，而非产品的功能，只有当一个产品功能真正帮客户解决问题时，这个功能才具有价值，才有真正的功能。需求收集流程要真正发挥作用，必须在组织层面通过组织管理制度及绩效考核制度来保证，将需求收集纳入各相关部门的绩效考核中，不能依靠收集人一时的兴趣。需求收集流程的执行情况是一个公司管理是否规范的试金石，也是衡量一个公司是否真正以市场为导向、以客户为中心的。需求收集既要避免面面俱到的冲动，又要避免只关注当下需求，核心根源还是在于产品战略是否清晰。常规的需求收集手段并不能够解决产品创新问题，但如果没有持续的需求积累，创新就无从谈起，创意的灵感源于专业。很多时候 从自己的预设立场出发，否定掉了众多创新机会。对于竞争对手，应当首先成为其产品忠实用户；对于用户，应当通过用户社区等互动手段来倾听用户的心声。

3.2.4　需求收集的理论模型

（1）$ APPEALS　$ APPEALS 方法是 IBM 在 IPD 总结和分析出来的客户需求分析的一种方法。它从八个方面对产品进行客户需求定义和产品定位：$—产品价格（Price）、A—可获得性（Availability）、P—包装（Packaging）、P—性能（Performance）、E—易用性（Easy to use）、A—保证程度（Assurances）、L—生命周期成本（Life cycle of cost）、S—社会接受程度（Social acceptance）。

（2）狩野模型（也称卡诺模型 KANO）　KANO 模型如图 3-3 所示，定义了三个层次的顾客需求和满意度：基本型需求、期望型需求和兴奋型需求。这三种需求根据绩效指标分类就是必备属性、期望属性和魅力属性。

1）基本型需求是顾客认为产品必须有的属性或功能。当其特性不充足（不满足顾客需求）时，顾客很不满意；当其特性充足（满足顾客需求）时，无所谓顾客满意不满意。

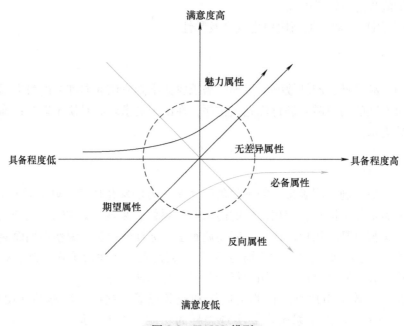

图 3-3　KANO 模型

2）期望型需求是要求提供的产品或服务比较优秀，但并不是必需的产品属性或服务行为，有些期望型需求连顾客都不太清楚，但是他们希望得到的。在市场调查中，顾客谈论的通常是期望型需求，期望型需求在产品中实现得越多，顾客就越满意；当没有满意这些需求时，顾客就不满意。

3）兴奋型需求是要求提供给顾客一些完全出乎意料的产品属性或服务行为，使顾客产生惊喜。当其特性不充足时，并且是无关紧要的特性，则顾客无所谓；当产品提供了这类需求中的服务时，顾客就会对产品非常满意，从而提高顾客的忠诚度。

一旦每个需求都得到了明确的分类，就能够在需求收集过程对需求进行优先级排序。

（3）层次分析法（AHP）　在做需求收集时候，最麻烦的是确定用户需求的优先级，利用层次分析法（Analytic Hierarchy Process，AHP）可以从不同的方面（如重要性、风险、成本）等角度去比较每两个用户需求之间的优先顺序。

层次分析法总是将决策有关的元素分解成目标、准则、方案等层次，在此基础之上进行定性和定量分析的决策方法。这种方法的特点是在对复杂的决策问题的本质、影响因素及其内在关系等进行深入分析的基础上，利用较少的定量信息使决策的思维过程数学化，从而为多目标、多准则或无结构特性的复杂决策问题提供简便的决策方法；尤其适合于对决策结果难于直接准确计量的场合。

（4）四象限定位法　四象限定位法以需求的急需性作为横轴，需求的重要性作为纵轴，可以建立消费者需求四象限图，如图 3-4 所示。

3.2.5　建立创意集

对于众多颠覆性创新的产品，其核心的创意有时与现有产品的需求及要求是相互矛盾的，因此这些创意是不可能完全依赖现有产品的需求收集过程得出的结论。

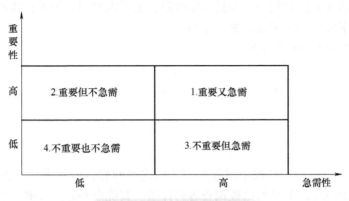

图 3-4 消费者需求四象限图

任何创意也不可能从天而降，这些创新性产品之所以能够脱颖而出，根本原因还是在于这些设计师们对于所在行业的用户真实需求及痛苦之处有深刻的了解，然后逆转、发散思维。其他的设计师在审视收集的各种需求时把这些创意作为不靠谱的需求而过滤掉了，而这些创新产品的设计师把握住了这些颠覆性的创新想法。

因此创新产品的需求仍然可以收集，只不过相对于普通产品的需求收集过程，在标准上应当更加开放。在需求收集平台中，应当单独构建一个创意集（Idea Set），专门用于收集、汇总各种产品需求、创意、设想等，并定期在公司层面回顾这些创意，以发掘产品创新的机会。

3.3 调查问卷分析法

调查问卷法是最典型的需求收集方法之一，具有易于操作与分析、效率高、直观等优点，本节重点阐述该方法的使用流程。做调查问卷是一件非常容易的事，同时，也是一件非常难的事，容易的是把设计师想要的问题一一列出并设计好答案让用户选择就可以了；难点是如果问题或答案设计得不好，收集的信息可能不准确或太片面。如果想设置好问卷的问题，就要先了解调查问卷的类别。

3.3.1 问卷类型

（1）封闭型问卷 封闭型问卷指所有问题答案已经给出，被调查者只需要在给定的答案中选择相应的选项。其优点是回答简单，被调查者愿意配合，问题容易收集，数据易统计。其缺点是答案会限制被调查者的思维，调查信息的获取可能会比较片面。

示例：

"您吃过基维亚克吗?"

A. 吃过

B. 没有

（2）半封闭型调查问卷 为避免答案限制用户思维，通常在答案中加上"其他"选项，并允许用户填写自己的答案，这样既能满足被调查者答题的方便性，又能不限制被调查者思维。其优点是被调查者愿意配合，容易收集问题，又不限制用户思维；其缺点是用户思维太过于发散的情况下容易产生无效答案。**示例：**

"您最喜欢哪一种品牌的巧克力？"

A. 瑞士莲

B. 克特多·金象

C. 芭喜

D. 歌帝梵

E. 其他____

（3）开放型调查问卷 开放型问卷又称无结构型问卷，问卷设计者提出问题由被调查者自行构思、自由发挥，不事前给被调查者选择项。其优点是思路发散，思维不受限制，是最佳的收集用户信息的方式；其缺点是被调查者不愿意配合，收集问题困难，数据不方便统计。**示例：**

"您最喜欢哪一类烧腊？为什么？"

3.3.2 问卷设计准则

（1）问题的篇幅不宜过长 被调查者出于各种原因一般不愿花大量时间为发起方完成问卷，如果问卷篇幅过长，被访者可能不会配合。调查问卷页数不要超过 3 页，作答时间不要超过 20 分钟。

（2）设计好问题布局 问卷内容要先易后难，让被调查者有个过渡过程，否则会导致被调查者直接放弃作答。上一题和下一题尽量有相关性，不要让人有太大的跳跃感。

（3）问卷问题要合理搭配 避免使用大量的封闭性问题，限制用户思维；也不要用大量的开放性问题，会使调查难度增加，被调查者有可能不愿意配合，起不到调查效果。封闭性问题容易诱导被调查者思维，尽量多使用半封闭型调查问卷方式，用户既容易接受，又尽可能多地收集用户需求，调查问卷应该有一定比例的开放型问题。为了更好地收集用户信息，建议问卷中加入少数几个开放型问题，可以最大限度地收集用户需求。开放型问题应该穿插在其他类型问题中，如果把所有开放型问题都放在最后，结尾处有可能会收到白卷。将开放型问题与其他有关联性的问题放在一起，这样会比较合理。所有问题不宜太难，过难容易导致被调查者放弃作答。

问卷收集完，就要对结果进行分析，分析前先要剔除无效问卷：一种是问卷中出现大量空白的、未作答的问题；另一种是答案中出现大量选项连续一样的情况。剔除这些无效问卷后，余下的才会是真正有效的问卷。如果问题设置的好，应该可以找出想要的答案，为将来的需求定位提供有价值的指导。

3.3.3 调查与访谈组合使用

调查与访谈组合使用，效果会更好。

组合法一：先调查，后访谈。通过大面积的问卷调查，对用户需求有一个基础了解，从问卷上可以梳理出一些关键数据，再从被调查者中选取一些有代表性的用户进行深入访谈，从思想层面了解用户想法。

如何筛选出有代表性用户？在调查问卷前都会要求写上用户年纪、居住地、工资范围、工作年限等，以便于为用户分类，也是为选取代表性用户的一个主要方法。

组合法二：先访谈，后调查。先对部分用户进行访谈，以便对需求有一定基础认识，根据用户反馈的信息再编写调查问卷，会使问题更有代表性和针对性。通过大范围的用户问卷反馈以验证访谈结果的普遍性。

以上两种组合方式各有优缺点，组合一的先调查后访谈的方法，通过调查问卷可以有效地找出潜在用户，再进行深入沟通，更有针对性。其缺点是在对用户的需求认识不深刻的情况下，设计的问卷问题不一定很合理。组合二是先访谈后调查，通过前期访谈可以对需求有一个基础认识，调查问题会更有针对性，再通过大面积的问卷调查可以更好地验证访谈内容。其缺点是前期访谈的对象如果不具备代表性，则问卷结果的价值不大。

组合法三：先调查，后访谈，再调查。这个步骤是通过前期的调查可以初步筛选出用户的关注点，并找出代表性用户。通过与代表性用户的深入沟通，便于纠正第一次问卷的内容，做出更有针对性的调查问卷，进行二次调查，以认证用户需求。

3.4　需求分析方法

在设计领域有一个流传甚广的故事：

亨利·福特曾说："如果我最初问消费者他们想要什么，他们会告诉我'要一匹快马！'"福特为什么没有给用户一匹马，而是给了用户一辆车？因为在"一匹更快的马"这个表面需求背后，是"更快更舒适的出行方式"这一更深层次的需求。要满足"更快更舒适的出行方式"，福特汽车显然是更好的产品。

这就是需求分析的关键：明确用户的本质需求，即挖掘表面需求背后更深层次的需求。只有明确了本质需求，才能确定更好的产品方向，以更好地满足用户。所以，收集来的用户需求，往往不是用户的本质需求，甚至可能不是用户的真实需求。因此，需求分析是必不可少的步骤。

3.4.1　需求分析方法

1. 定性分析

（1）5why 法　在质量管理领域，5why 法是找到根本原因的有效方法，丰田汽车公司在发展完善其制造方法学的过程中也采用了这一方法。在实际应用中，如果用户提出一个需求，就可以问"为什么用户会有这种需求"。例如：用户提出"增加发短信功能"的需求，就可以问为什么？接着就会发现用户想要的可能不是"发短信"，而是"文字通信"的需求，甚至就是"通信"。这时就能找到更多的解决方案，而不仅局限于"发短信"，例如可以提供文字聊天、语音聊天、视频聊天，甚至提供 VR 聊天等功能。

（2）鱼骨图　鱼骨图是质量管理领域的信息归纳常用方法，由日本管理大师石川馨发明，又名石川图，是一种寻找问题根本原因的方法。思维导图如 Mindjet Mind Manager 等往往会提供多种鱼骨图模板。

（3）用户+需求+场景（PSPS）　PSPS 法是贯穿产品始终的重要方法，因为需求贯穿产品始终，而每一个需求都有根源——用户+场景，因此，需求都是具体的而非抽象的。在挖掘用户的本质需求时，也要结合具体的场景、具体的用户，去分析其本质需求。

（4）马斯洛需求层次理论　马斯洛需求层次理论在现代行为科学中占有重要地位，其基本观点是将人的需求从低到高依次分为生理需求、安全需求、社交需求、尊重需求和自我实现需求五种需求。从企业经营消费者满意（CS）战略的角度来看，每一个需求层次上的消费者对产品的要求都不一样，即不同的产品满足不同的需求层次。

2. 定量分析

定性分析确保分析深入，而定量分析提供依据。如今是"用数据说话"的时代，缺乏定量分析的定性分析，往往不够可靠。定量分析主要采用数据分析的方法，例如之前的问卷调查收集到了数据，就可以对这些数据进行分析；产品上线之后，可以收集用户反馈、浏览数量、活跃数量等，还可以对某些关键路径、功能等进行数据埋点，采集这些数据，并对这些数据进行分析。

3.4.2　需求决策

大部分产品目标的关键在于盈利。其实这也是众多产品强调用户价值的原因，没有用户价值，何来盈利？但是，不同企业擅长的领域不同，其希望参与的领域也不同，市场规模、竞争格局等也不同。所以，为了盈利，可以采取各种各样的方式。就像为了满足通信需求，移动、联通等运营商提供基础设施等服务，手机厂商提供通信设备，APP 供应商提供网络聊天、语音、视频等功能。因此，结合产品目标与用户的本质需求，可以完成需求决策，即确定产品方向，明确产品定位。在此基础上，能得出产品的核心特征，如功能、结构、外观等。

3.4.3　需求扩展

产品方向、核心需求往往很简单，可能只包含一句话，但最终产品所要实现的需求则很多。例如洗衣机，其定位可以用 2 个字概括：洗衣。但洗衣机目前已实现的需求，可以说很多，如甩干、烘干、消毒、自洁、童锁等，而且实现得非常好，这些需求就是扩展型需求，它们构成了完整的产品。

需求扩展在具体方法上，可以通过头脑风暴、"用户+需求+场景"等方式进行扩展，也可以使用之前收集的用户需求。需要指出的是，有些需求往往不需要询问用户，例如烤箱功能中的烧烤、旋转、定时等基本需求，一方面这是基础的普遍性需求，自己容易判断；另一方面这些功能有足够的产品早已做得非常完善，可以参考；而且前人已总结了足够多的产品设计原则供参考。

3.4.4　需求筛选

通过需求扩展，可以获得大量潜在的产品需求，但是由于成本、技术、迭代等方面的原因，这些需求并非要全部在产品中体现出来（或者说不一定在某一代产品中全部体现出来），那么就需要对需求进行筛选。

（1）重要、紧急二乘二矩阵分析法（图 3-5）　关于需求的优先级，可以使用时间管理中著名的重要、紧急二乘二矩阵分析法确定。这个方法是需求筛选的核心，其他方法都是此方法的补充。对于产品，重要性与产品目标正相关，越利于实现产品的目标，就越重要。

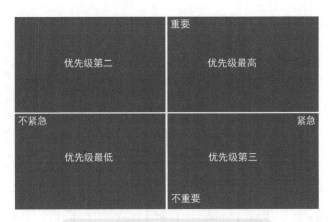

图 3-5 重要、紧急二乘二矩阵分析法

（2）**设问法** 设问法可以帮助识别用户的真需求，也就是需要优先满足的需求。怎么区分真需求和伪需求？可以这么分析：伪需求叫 Want，真需求叫 Need。Want 的东西，用户不一定会掏钱，Need 的东西，用户一定会愿意掏钱。所以 Need 的东西，才应该是切入的事情。

（3）**需求顺序法** 需求之间如果有一定顺序，其优先级也容易判定。例如：有 3 个需求，他们之间有这样的关系：实现了 A，才能实现 B；实现了 B，才能实现 C。所以，这三者中，优先级最高的是 A。

（4）**产品阶段** 根据产品阶段（产品发展路线）划分需求优先级，也是常用方法。不同阶段需要实现的需求，往往不同。例如一个全新产品，最该实现的是用户最迫切的需求，当产品逐渐成熟，需要实现的需求也越来越多，各种辅助的服务都需要提升。

（5）**专家团队决策** 对于难以判断优先级的需求，可以召开专家团队评审会议进行决策。这其中各部门发表各自看法，各个职级的人共同讨论，可以进行投票、计算、根据经验分析等，最终确定需求的优先级。

3.5 建立功能结构模型

功能是产品的重要属性，它既满足用户需求，又反映消费者的潜在需求；产品设计首先要根据用户的需求，规划产品功能结构、建立产品目标规格。在这里，规格由度量指标和数值构成，指产品功能与性能所能达到的水平与标准；目标规格是指对标产品与竞品所能达到的水平与标准或产品规划时力求达到的水平与标准；最终规格指产品实施方案中各方面功能与性能所能达到的水准。

建立功能结构模型主要包括四个步骤：第一，建立功能与性能度量指标清单，利用"需求-度量指标"矩阵可以明确地表示出需求与度量指标之间的关系，如图 3-6 所示；第二，收集竞争性标杆信息，通过与竞争产品标杆比较，可以准确定位将要开发的产品的目标规格；第三，为每个度量指标设置理想值和可接受临界值；最后，对分析结果和过程进行反思。

质量指标 / 需求	在10 Hz时从车身到车把的衰减	弹簧预加载量	来自Monster的最大值	在测试曲线上的最小下降时间	衰减系数调整范围	最大行程（26英寸的车轮）	倾斜量	顶端的横向刚度	总质量	在制动枢纽处的横向刚度	耳机大小	转向管长度	车轮大小	最大车胎宽度	安装到车架上的时间	挡泥板兼容性	培养自豪感	单位制造成本	喷水腔中无水进入的转速	泥腔中无泥进入的时间	维修时拆卸/安装时间	维修所需的特殊工具	使橡胶老化的UV测试持续时间	失效前的Monster循环次数	日本工业标准测试	弯曲强度（前部受载）
降低手部振动	●		●	●																						
能轻易慢速穿越险要地形			●																							
能在颠簸的小道高速下坡	●		●	●																						
能调整灵活性					●																					
能保持自行车的操纵能力							●	●																		
急转弯时能够保持刚性			●					●																		
轻便									●																	
车闸装配点坚固										●																
能和多种自行车、车轮和轮胎相配											●	●	●	●												
易于安装															●											
能和挡泥板一起使用																●										
能培养自豪感																	●									
能被业余爱好者接受																		●								
防水																			●							
降噪																				●						
易于维修																					●					
易于更换损坏部件																					●	●				
能用常用工具进行维修																						●				
经久耐用																							●	●		
遇到危险时安全性要高																									●	●

图 3-6　"需求-度量指标"（以山地车为例）

3.6　面向子功能的概念设计

3.6.1　功能分解

产品概念即原理性解决方案，是对产品的技术、工作机理和形式的大致描述，能简要地说明该产品如何满足顾客需求，通常采用草图、三维模型表示，并附带简要的文字描述，产品概念生成步骤如图 3-7 所示。产品概念生成初期，设计师首先对产品总体功能进行分解，将复杂问题简单化处理，并以分解出的子功能为基础建立功能模型。功能分解用于描述产品的功能要素，而不是描述其工作原理。

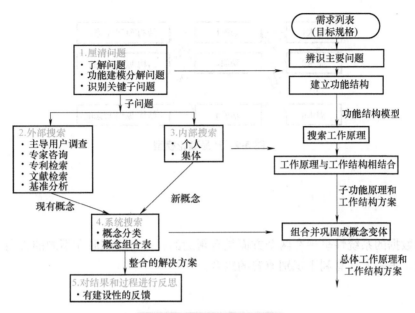

图3-7 产品概念生成步骤

3.6.2 原理型机构

将产品的复杂功能分解为子功能后，设计师必须为每个子功能找到解决方案，规划流程如图3-8所示，这是整个设计过程中最具创造性的工作，需要为各个子功能找到工作原理，这些原理必须最终结合到工作结构中。"功能—机构—结构"的设计思考过程是螺旋式演进的。

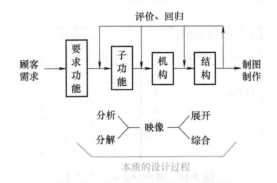

图3-8 产品功能—原理的规划流程

3.7 概念的模型化表达

理清产品功能与原理的映射关系之后，需要将概念抽象为理论模型。所谓理论模型，是产品“功能—原理—形态”的结构化表示，如图 3-9 所示。用户需求决定产品功能；结构、原理、形态实现产品功能；概念是功能、结构等的解决方案。

需求1
需求2
…
需求n
功能1
功能2
…
功能n
结构/原理/形态1
结构/原理/形态2
…
结构/原理/形态n

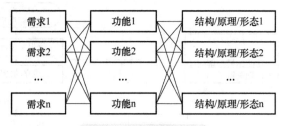

图 3-9　产品理论模型

3.8　概念的系统性组合

信息和数据的系统性呈现在两个方面是有帮助的：一方面刺激在不同的方向上进一步搜索解决方案；另一方面有利于识别兼容的组合。

3.8.1　概念分类树

通过构建产品理论模型，可以将针对功能、结构等的解决方案按照一定的逻辑关系展开，由于特定的功能可通过不同的原理和结构实现，因此在产品方案提出时会产生大量排列组合问题，这些问题会导致设计工作陷入混乱。为了避免这种混乱，引入概念分类树这一工具。概念分类树把可能的解决方法组成的整个空间划分为若干类别，以便比较与修正，如图 3-10 所示。分类标准及特征在系统地搜索解决方案及其概念的变化时会很有帮助，它们包括能量类型、物理效应和现象、工作几何、工作运动、基本材料属性。另外，概念分类可以将某一特定分支的功能进一步分解，以提升设计可靠性。

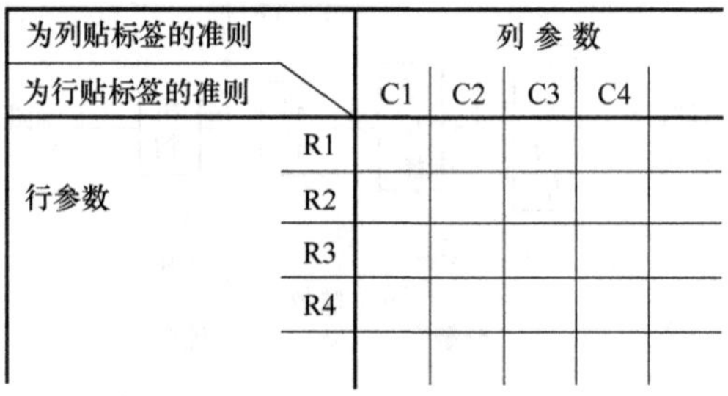

为列贴标签的准则
列 参 数
为行贴标签的准则
C1
C2
C3
C4
行参数
R1
R2
R3
R4

图 3-10　概念分类树（矩阵）

3.8.2　概念组合表

概念组合表是另外一种解决方案管理或调用的工具，它能从系统的角度考虑解决方案的组合，如图 3-11 所示。概念组合法的主要作用是确定哪些解决方案原理是兼容的，也就是说，将理论上可能的搜索字段缩小到实际可能的搜索字段。

子解决方案 \ 子功能	F1	F2	...	Fi	...	Fn
1	S_{11}	S_{21}	...	S_{i1}	...	S_{n1}
2	S_{12}	S_{22}	...	S_{i2}	...	S_{n2}
...	...	...	...	...	...	...
j	S_{1j}	S_{2j}	...	S_{ij}	...	S_{nj}
...	...	...	...	...	...	...
m	S_{1m}	S_{2m}	...	S_{im}	...	S_{nm}

图 3-11 概念组合表

3.9 概念的选择及验证

3.9.1 概念的选择

概念的选择是对各概念间的优劣进行比较，筛选一个或多个概念进一步调查、测试、研究，使得概念能够更好地达成顾客需求及其他指标的过程。它虽然是一个收敛的过程，但不一定能很快就选出最优概念，所以必须反复进行筛选。

概念的选择是一个迭代的过程，与概念生成、概念测试紧密相连，概念筛选和评分则帮助团队凝练和改进概念，并最后选择出一个或多个优质概念进行接下来的测试，或进一步进行产品开发行为。

概念选择方法主要包括外部决策、资深设计人员决策、直觉法、表决法、网络调查、优劣对比、原型测试、决策矩阵、产品对标等方法，其中决策矩阵是一种准确率、效率较高的选择手段，它可以避免人工决策所带来的主观性缺陷，其实施步骤如图 3-12 所示。

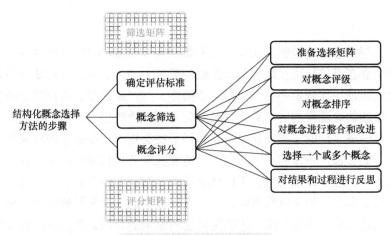

图 3-12 决策矩阵实施步骤

1. 确定评估标准

任何评估的第一步即制订一套目标，并从中推导出评估标准。在技术领域，这些目标主要来源于需求清单和总体约束，这些要素列出了特定解决方案中确定的要求。一套目标通常包括了各种技术、经济和安全因素，而且它们在重要性上也有很大差异，这些目标应尽可能满足以下条件：目标必须尽可能完整地涵盖决策相关要求和一般限制，以免忽略基本标准；评估所依据的单个目标应尽可能独立，即对一个目标增加一个变量的值，不能影响其对于其他目标的值；如果可能的话，要评估的系统的属性必须以具体的定量或至少标准术语表达。这些目标的列表在很大程度上取决于特定评估的目的，评估标准可以直接从目标中得出，由于值的后续分配，所有标准必须给出一个积极的表述，即使得更高的值更便于表示。

2. 概念筛选

概念筛选包括四个步骤：①准备选择矩阵，概念最好同时通过文字和草图来描绘，这里列出的指标都是重要指标；②选出一个参考概念做基准，对概念评级，使用"优于（+）、相似（0）、差于（-）"符号来进行判定；③对概念排序，优于的个数减去差于的个数为净得分；④对概念进行整合和改进，需要考虑"是否有总体上很好，却因为一个不好的特征而降级的？一个较小的改进是否能够提升？是否有两个概念合并后能保持'优于'的数量，却减少'差于'的数量？"⑤选择一个或多个概念，选择进行更深层次研究的概念数目将会受到团队资源的限制，如人员、经费、时间。在选择最终概念之前，团队还必须弄清，哪些问题是必须研究调查的；⑥对结果和过程进行反思，最终的结果需使得团队的所有成员都满意，考虑结果是否满足每个成员的意愿，会减少错误发生的可能性，增加整个团队开展后续工作的凝聚力。

3. 概念评分

概念评分的步骤：①准备选择矩阵，对概念的各个指标做更细致的比较，如有必要，可以分解为选择标准更精细的指标，如"使用方便"分解为"易于连接""易于清除""易于安装"；②对概念评级，通常使用 1~5 的标度。可以用参考概念，但参考概念并不总处于平均水平；③对概念排序，加权得分之和为总得分；④对概念进行整合和改进；⑤选择一个或多个概念；⑥对结果和过程进行反思。

3.9.2 概念的验证

概念的验证与概念的选择密切相关，它们都是为了缩小概念系列的数目，但不同的是，概念的验证是建立在直接从潜在顾客那里获取的数据上的，它对开发团队自身判断的依赖程度较小。概念的验证往往需要一些产品概念的描述，如产品原型，所以概念的验证与原型化也联系紧密。概念的验证得到的结果之一是对公司可以销售出多少单位产品的一个估值，而这个预测是产品经济分析的关键信息之一。如果某些类别的产品概念的验证所需的时间过长或成本过高，可能会选择不做测试。例如，有些互联网公司仅发行产品并在后续的产品更新中不断使其完善。但对于商用飞机，不做概念的验证则非常不合理，因为这些产品的研发成本和所需的时间非常多，如果研发失败，后果是灾难性的。大多数情况下，概念的验证非常有用。下列是概念的验证的七步法：①确定概念的验证的目的；②选择调查人群；③选择调查方式；④进行沟通概念；⑤测试顾客反应；⑥解释结果；⑦对结果和过程进行反思。

3.10 子功能表达的系统规则

目标规格只是开发团队在产品开发的初期阶段对目标进行的大体描述，通常并不精确。因此，在进行产品概念的选择后，需要对目标规格进行修正。选择最终的产品规格最困难的是权衡，可采用下面的过程方法：开发产品的技术模型；开发产品的成本模型；修正规格，必要时进行权衡分析；确立合理的规格；对结果和过程进行反思。

1. 开发产品的技术模型

产品技术模型是一种针对特殊设计决策的工具，可以用来预测决策中度量指标的值。这里模型指的是产品的解析模型或者物理模型，其中，解析模型是产品数学上的近似表示，一般包含随设计修改而变化的参数；物理模型是实体化的，检测不可预见现象需要采用实体化原型进行试验测试。

2. 开发产品的成本模型

这步确保产品最终按目标成本生产。通过罗列材料清单（包含所有组件的清单）估计购买成本，完成制造成本的初步预算，并且清单需要不断更新从而及时反映制造成本的最新进展。

3. 修正规格，必要时进行权衡分析

通过使用技术模型确定可行的组合值，然后探索成本范围；通过迭代的方法，找到在有竞争地位、最大程度满足顾客需求并确保足够利润的产品最终规格；将技术模型和成本模型作为辅助工具，开发团队可以估计自己是否能处理分析竞争性分析图（权衡图）中显示的权衡问题，如图3-13所示。

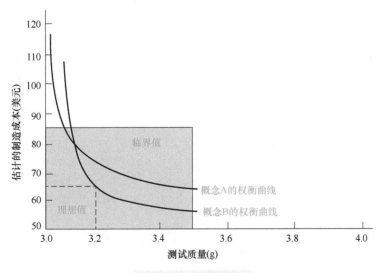

图3-13　权衡图示例

4. 确立合理的规格

前面通过迭代修正得到的最终规格是组件规格或者子系统的规格，具有多个子系统的复杂产品的规格是按照子系统的规格来确定的。当确保实现子系统规格，不同子系统的特定规格实现难度相当并能如实反映产品整体规格时，则整体规格就会实现，否则制造成本将会过高。一些整体规格可以通过预算分配来建立，例如，确定产品的整体成本、重量和能耗是各个子系统的综合，那么制造成本、重量和能耗规格也可以按这样分配给子系统。还有一些规格必须在了解子系统的性能与整体产品性能的关系后才能确定。

5. 对结果和过程进行反思

需要重点考虑以下问题：产品能获得成功吗？技术模型和成本模型具有对立的不确定性吗？开发团队选择的概念能很好地适合目标市场吗？公司应该开发有关产品性能方面更好的技术模型以供将来之用吗？

 习 题

1）准确洞察用户需求的目的是什么？
2）需求识别的步骤是什么？
3）做一个面向产品的用户需求调查问卷设计。
4）问卷设计需要经历哪两个阶段？
5）做一个基于调查问卷的用户需求采集。
6）如何通过深度访谈挖掘用户核心需求。
7）做一个用户需求向产品功能的映射。
8）参照图3-6中山地车功能结构模型构建任何一类产品的需求-度量指标模型（可不添加指标值）。
9）在产品规划阶段，概念选择的步骤是什么？
10）产品规格的选择步骤是什么？
11）简单规划一类产品（如家电、数码产品等）的主要功能。

4

第 4 章　基于规则的设计和制造

　　上一章节所讲需求分析环节是正向设计流程中的首个环节，需求分析以往是使用文档、图表、流程图等建立的，固有的缺陷是文件之间的相互依赖性是隐性的，文件传递的是静态信息，个人或小团体制作的缺乏及时的更新能力和整体的控制能力。以系统工程理论、方法和过程模型为指导，面向复杂产品和系统的改进改型、技术研发和原创设计等为场景，注重因果关系和完整设计流程的设计思想和方法，提出正向设计，旨在提升自主创新能力和设计制造一体化能力。因此，从实现方法上，新的要求是通过标准系统建模语言构建需求模型、功能模型、架构模型，实现需求、功能到架构的分解和分配，通过模型执行、实现系统需求和功能逻辑的"验证"和"确认"。伴随着制造业的信息化和综合化发展的趋势，创新设计方面还存在着诸多的不足，正向设计异军突起，不同于逆向设计，从物理设计的改制开始，正向设计包含有完整的设计环节体系（各环节的权重可以根据具体条件来确定），从知识工程和认知规律来看，即从需求定义、需求分析出发，做到产品概念模型化、功能分解化，然后通过系统工程理论建立设计规则和广义上的工作程序体系，因此，本章节将开始阐述这一实现方法。正向设计与逆向设计流程如图 4-1 所示。

　　回归源头，设计的定义可以是人类为实现某种特定目的，即将客观需求转化为满足该需求的人工系统，包括人工物理系统和人工抽象系统而进行的创造性活动。需求是设计的动力源泉，设计的本质是创新，是为人类创造一种更加合理的生存方式（包括生产、生活和交流方式等），设计的最终目的是人、自然与社会这一复杂系统的协调发展和进化。

　　在人、自然与社会这三者之间的相互关系中，形成了对工具、环境和沟通三种类型的需求。对这三种需求所做出的响应就是产品设计（即技术系统或人工物理系统的设计）、环境设计（对人类生存空间进行的设计，它创造的是人类的生存空间，而产品设计创造的是空间中的要素）与传播设计（利用感觉符号，特别是视听符号来进行信息传达的设计）。从这个意义上，设计是一类科学处理信息的思想、方法和技术。

　　现代设计对于信息流在各个环节的循环有着更科学的要求，信息是很抽象的概念。人们常说信息很多，或者信息较少，却很难说清楚信息到底有多少。如一本五十万字的中文书到底有多少信息量。直到 1948 年，C. E. Shannon（香农）提出了"信息熵"的概念，才解决

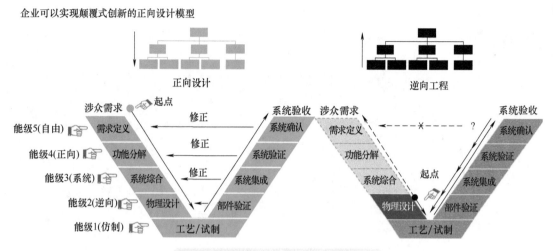

企业可以实现颠覆式创新的正向设计模型

图 4-1　正向设计与逆向设计流程对比

了对信息的量化度量问题。信息熵这个词是香农从热力学中借用过来的。热力学中的热熵是表示分子状态混乱程度的物理量，香农用信息熵的概念来描述信息来源的不确定度。现代信息是物质、能量、信息及其属性的标识，信息是确定性的增加，是事物现象及其属性标识的集合。通过基于规则的编码把产品需求信息确定化，是提高信息熵的重要办法。

在了解了信息来源和信息熵之后，需要掌握的大的归类就在于设计的三个步骤，如图 4-2 所示：设计之前、设计之中、设计之后。

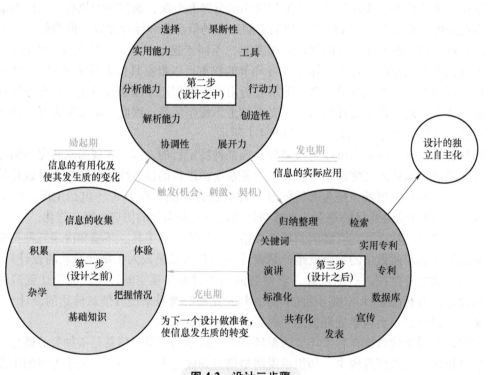

图 4-2　设计三步骤

1）设计之前需要做信息的搜集，需求的分析和概念的选择和验证。

2）设计之中，进行知识的聚类和跨学科的知识的解析、分析、协调、选择，并在过程中展现出创造力、行动力、展开力。

3）设计之后，进行信息流的汇聚过程。

在大型企业的知识工程平台中将信息加工环节结构化这类技术会存在于知识工程平台的知识工程技术部分，如图4-3所示。

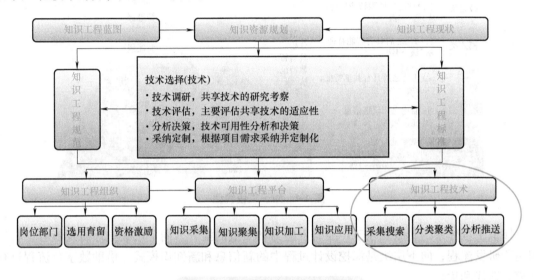

图4-3　大型企业的知识工程平台

4.1　知识工程模型

"则知明而行无过矣"出自《荀子·劝学》，这里的"知"是"智"的意思，代表智慧明理并且行为没有过错。东汉教育家王充在《论衡》中提到"知为力"，正是"知识就是力量"的含义。人类认识的成果或结晶，包括经验知识和理论知识。经验知识是知识的初级形态，系统的科学理论是知识的高级形态。所谓知识，就它反映的内容而言，是客观事物的属性与联系的反映，是客观世界在人脑中的主观映象。在国家标准 GB/T 23703.1 —2009《知识管理国家标准》中给出的知识的定义是通过学习、实践或探索所获得的认识、判断或技能。国际学术界提出 DIKW（Data-Information-Knowledge-Wisdom）四层级模型，出于工程实用考虑，在底层增加实物层，知识演化为智能模式，将四层级模型扩展为五层级模型。将知识结构模型化是科技进步的成果。

知识的"实践"定义是——企业资源的加工改造，企业一经创建，总是会源源不断建设和产生实物资源，这些实物资源的自然利用是企业应用知识的最初级形式，对资源改造加工，提升共享化和智能化程度，促进其可用性，开始具有知识特征。知识与资源的关系是相对的，资源与知识之间是相互转化的，对特定层次，高层次的对象就是知识，低层次的对象就是资源。因此，知识工程建设和资源建设之间没有绝对界限，在工程实践中也不需要明确这个界限，凡是在产品研发设计中有用的资源，都建议作为知识工程的建设范围。不同的资源类型可采用不同的技术手段，提升其显性化、共享化、智能化和智慧化程度，将有助于企业研发能力增长，这是知识工程的核心价值所在。现阶段用典型的实物、数据、信息、智能、智慧五层级模型来描述知识工程的架构和执行知识工程的建设，知识工程模型如图4-4所示。

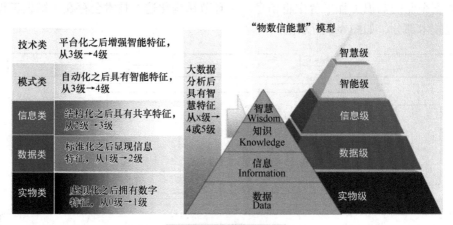

图4-4 知识工程模型

知识工程体系的着眼点在于产品研发能力和质量的提升。向上层级梳理研发流程，将知识用于研发流程；向下层级是深挖设计过程中的新信息和新知识模式，借助数字化流程进行建模、迭代和优化。

当今增材制造技术的硬件体系和计算机辅助创新的软件体系的充分应用，使得知识工程体系在可行性方向有了长足的进步。详细的知识工程建设内容可以参考田锋老师所著《知识工程2.0》。随着近现代自然科学的发展和上述理论的发展，人类对于世界事物的规则描述便有了按照学科分类的自然科学通用规则和数理逻辑等形式系统，建议读者通过总结自然科学学习所获得的思维方式来科学化处理问题，并梳理出可以实践的法则。

面向增材制造的设计（DfAM）是基于增材思维和知识工程模型而建立的设计方法，DfAM具有如下特点：

1）以最少的材料满足性能要求。

2）实现增材制造的一体化结构。

3）在新的设计和修改现有的设计过程中，以最少的材料符合制造工艺的要求。

4）针对改进功能的设计和可以定制化的设计。

5）优化材料类型，合理分布材料和多材料混构的设计。

6）优化构建方向以减少支撑结构的设计。

7）追求高效、可追溯的工作流程的设计。

8）摆脱考虑模具的工艺约束的设计。

9）端对端全数字化地打造供应链闭环的设计。

DfAM理念可以应用于创新产品，也可以适用于大的系统工程产品，还可以应用于微创新的小型产品。在各个领域均有广泛的技术基础，国际上目前已经形成比较成熟的学术理念。DfAM基本制造流程如图4-5所示。

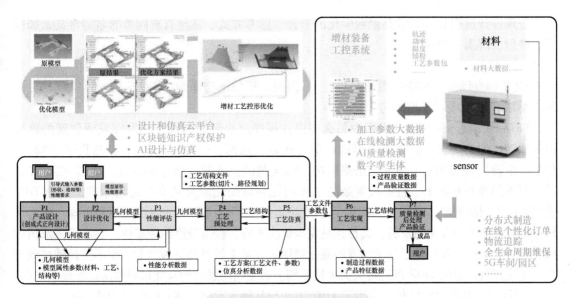

图4-5 DfAM 基本制造流程

4.2 复杂产品的设计方法论和策略

复杂产品的设计从原理、思想和完备性方面，应用系统工程工具，多学科协作对问题及其解决方案进行全系统的研究，建立系统性模型和解决复杂领域问题等。在使用工具软件的基础上，把系统拆分为功能分解、交互、分配的子系统，并统一架构，综合考虑所有系统功能的基础上进行系统的架构分析与设计。

学界使用的公理设计理论和 TRIZ 设计思想均是人们尝试建立设计活动科学基础的重要理论，都有其优势及局限性。公理设计理论在系统性地生成概念初始方案方面有优势，TRIZ 设计思想在解决设计中出现的冲突方面有优势，是非常好的思考方式和工具。

1. 公理设计 Axiomatic Design

美国麻省理工学院教授 NamP. Suh 领导的研究小组提出公理设计的理论，设计方案的产生依赖于人类的创造性，创造性往往难有清晰的逻辑和简要的过程，则用大量经过验证的四类典型思维活动（称之为域）来模块化和过程化，包括用户域→功能域→物理域→过程域（后面还有制造域和市场域）如图4-6所示，每个箭头的左边域的内容是设计过程中希望达到什么，而箭头的右边域则是对应左边域的需求，如何去满足或者实现。

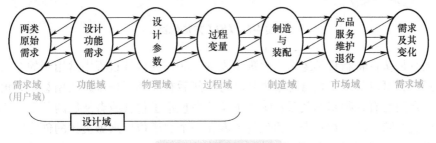

图4-6 公理设计理论

公理设计过程有着非常类似数学化的语言、思考方式，甚至有着同等的名词含义，如耦合、映射、解耦、约束等。

2. TRIZ

TRIZ 的直译是"发明问题解决理论"，国内也形象地翻译为"萃智"或者"萃思"，取其"萃取智慧"或"萃取思考"之义。

TRIZ 深刻揭示了创新和发明中怎么用内在规律解决矛盾与冲突，发挥发明创新的确定性而非随机性的要素。它是基于形式科学（代数、几何、分析、逻辑）、自然科学（物理、化学、生物）等知识的手段和方法来解决工程问题的，是技术哲学的应用。TRIZ 在研究成千上万项的专利基础上，将解决复杂的工程问题手段简化成最基本的通用原理。理论 TRIZ 非常适用于创新型产品的开发。TRIZ 理论成功地揭示了创造发明的内在规律和原理，着力于澄清和强调系统中存在的矛盾，其目标是完全解决矛盾，获得最终的理想解。它不是采取折中或者妥协的做法，而且基于技术的发展演化规律研究整个设计与开发过程，而不再是随机的行为。实践证明，运用 TRIZ 理论可大大加快人们创造发明的进程而且能得到高质量的创新产品。图 4-7 所示为 TRIZ 方法优势，说明了 TRIZ 方法与其他方案解决创新问题时的路径区别。

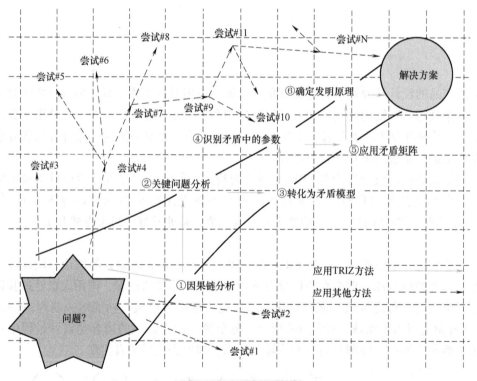

图 4-7 TRIZ 方法优势

本体关系是从古希腊哲学逻辑上整理出来的一些创新设计过程中常用到的本质关系。如同一关系意味着可以从多个角度理解事物本身，然后在原理、外观、实用意义等角度去寻找创新设计。常用的有几种基本关系：①上下位关系包括了包含或者从属的角度。②同位关系是从前两个关系隐身的，在一个主语位置或者在一个宾语位置来做类比的创造发明。③组成关系是技术系统中常见的本体关系，如 CAD 软件中的 BOM 表，PDM 软件中的 EBOM 等，都是组成关系，表达了一个产品和部件，组件和零件之间的组成关系。组成关系要辩证地看，将组成的零部件整合在一体也是现代增材制造技术的一个思路。④因果关系是从设计原理、材料、结构、功能实现这一关系逻辑因果，设计思想建立在因果链上面会有更好的可执行性。⑤问题/解决方案关系是从提出问题和解决问题二元角度对整体设计做一个把握。⑥动词修饰关系和名词修饰关系是产品辅助功能拓展创新方面的两种重要关系。

TRIZ理论最终也会服务于专利发明和技术矛盾的解决，通过形成更多的解决方案形成专利布局，阻止商业竞争对手入场。其理论基础在于系统进化法则和数以千计的发明者的最佳实践经验，解决问题的工具是40个发明原理（图4-8）、标准解系统和TRIZ算法，精髓在于完备化的方法论和人类科学智慧。

序号	原理名称	序号	原理名称	序号	原理名称	序号	原理名称
1	分割	11	预先应急措施	21	紧急行动	31	多孔材料
2	抽取	12	等势性	22	变害为利	32	改变颜色
3	局部质量	13	逆向思维	23	反馈	33	同质性
4	非对称	14	曲面化	24	中介物	34	抛弃与修复
5	合并	15	动态化	25	自服务	35	参数变化
6	多用性	16	不足或超额行动	26	复制	36	相变
7	套装	17	维数变化	27	廉价替代品	37	热膨胀
8	重量补偿	18	振动	28	机械系统的替代	38	加速强氧化
9	增加反作用	19	周期性动作	29	气动与液压结构	39	惰性环境
10	预操作	20	有效运动的连续性	30	柔性壳体或薄膜	40	复合材料

图4-8　TRIZ的40个发明原理

（1）**系统完备性法则**　一个有效的系统能够实现4个主要的功能，即从动力单元将能量源转化能量，传递单元传递能量到执行单元去执行系统的主要功能，控制单元能够设置和控制系统中的参数（例如：太阳能计算器）。

（2）**缩短能量路径法则**　系统进化方向是缩短能量在系统内流经的路径，简而言之是动力单元与执行单元直接相连。

（3）**系统参数同步法则**　一个系统中各个层面上的组件协调同步发展（例如：手机，功能变多的同时，各个组件和操作系统也在不断完善）。

（4）**提高理想度法则**　理想化程度=有用功的数量/执行这些功能的组件数量→∞，即系统的有用功能越多、执行功能的组件数越少，理想化程度就越高。

（5）**S-曲线法则**　自然界中的任何事物都有一个产生、成长、成熟、衰亡的过程，技术系统的进化也一样满足这个过程，可以从性能参数、发明数量、经济利润等方面描述各个时期。

（6）**子系统非均衡化进化造成矛盾法则**　在系统的整个生命周期内，不同的子系统（部件/组件）的进化速度不同，系统矛盾因此产生并开始演化。

（7）**向微观层面转变法则**　系统会朝着子系统的执行单元进化，这样对其参数的操控会越来越灵活。这样系统会变得更小更灵活（例：金刚石磨盘切割→激光切割）。

（8）**动态化法则**　系统向提高可控性的方向进化，结构和参数从刚性变为柔性（例如：

单扇门→卷帘门）。

上述原理和法则是 TRIZ 理论的基础，在使用 TRIZ 解决创新或解决技术矛盾的过程中，还需要"解题模式"即流程。相对于传统解决方案的优化和折中方法，TRIZ 解决的更为先进和底层，TRIZ 将矛盾参数化并形成矛盾矩阵，并用 TRIZ 原理和法则用数学方法和自然科学方法拆解矩阵，最后映射到具体解决方案，具体流程如图 4-9 和图 4-10 所示。

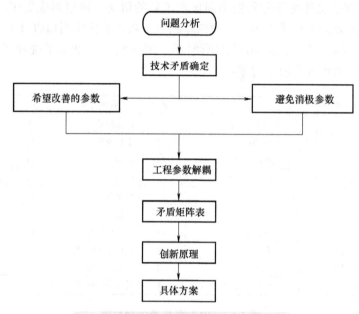

图 4-9　使用 TRIZ 解决技术矛盾的流程

3. TRIZ 的实施与 CAI 软件

前文提到过产品生命周期有如下环节：需求分析→创新概念构造→产品创新方案→详细设计→仿真分析→工艺→样件→检测→量产→组装→库存→市场销售→使用/维护→报废。CAI 可以支持从"创新概念构造"到"报废"各个阶段；"详细设计"到"量产"阶段基本由 CAD/CAE/CAM/CAT/RE/CAPP 等传统 CAX 软件支持。CAI 为整个流程提供隐性知识，包括规则、方法、技巧、经验、原理等；其他 CAX 技术所提供的为显性知识，包括外观设计、总体布置、零件造型、装配、工程绘图、仿真分析、测试结果、说明书、计算结果等；生产运作管理流程一般包括：原材料管理、计划进度、物流、人力资源等。隐性知识和显性知识构成了企业的智力资产，而隐性知识的应用更需要强大且易用的计算机辅助工具加以支持。可以说，CAI 技术是企业信息化整体解决方案中的重要组成部分，在产品生命周期中起着举足轻重的作用。企业智力资产是企业交付最终产品的不竭的源泉，也是企业核心竞争力之所在。

以计算机辅助创新设计平台 Pro/Innovator 为例，它包括技术分析系统（TSA）、问题分解、TRIZ 创新原理、TRIZ 技术矛盾解决矩阵、方案评价、专利查询、报告生成等功能模块，这些模块相辅相成，共同组成了先进的计算机辅助创新解决方案，来提高研发人员解决技术难题、实现技术突破的效率。它对于制造企业研发过程中解决技术难题、预测技术路线图、专利规避与布局都有着很重要的帮助作用。

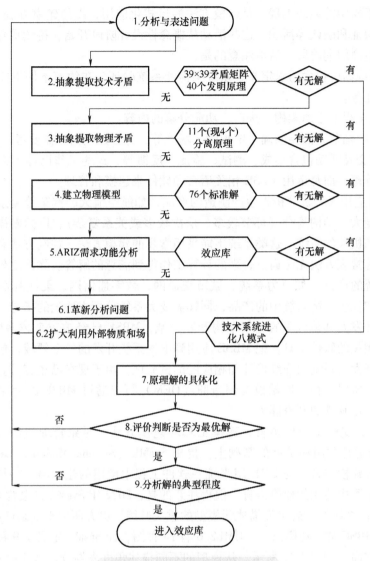

图4-10 市场现有可执行的流程

4. MBSE

传统系统工程中，系统工程活动的产出是一系列基于自然语言的文档，如用户的需求、设计方案。这个文档也是文本格式的，所以也可以说传统的系统工程是"基于文本的系统工程"（Text-Based Systems Engineering，TSE）。这种模式，要把散落在各个论证报告、设计报告、分析报告、试验报告中的工程系统的信息集成关联在一起，费时费力且容易出错。在当前的大多数企业中，依靠人和流程去约束管理，过程非常痛苦，且周期长、成本高、稳定性差。随着系统的复杂程度越来越高，学科之间的交互越来越多，仍然依赖这种文档的组织管理难度将指数级增长。例如在汽车领域，主机厂如果把几千上万条对供应商的需求都通过文本格式传递给供应商的话，对于双方都是一件极其痛苦的事情，不但耗时耗力，而且容易出错。但是这种现象现在也还存在着。

国际系统工程学会（INCOSE）在《系统工程2020年愿景》中，曾经正式提出了MBSE

的定义：即基于模型的系统工程，是建模方法的形式化应用，以使建模方法支持系统要求、设计、分析、验证和确认等活动，这些活动从概念性设计阶段开始，持续贯穿到设计开发以及后来的所有生命周期阶段。值得注意的是：

1）确定系统约束包含需求定义、系统架构和系统验证，在约束条件下完成工程目标是系统工程重要任务。

2）做系统工程要考虑架构、接口、功能分解的内容。

3）系统工程细节方面要明确系统视图、场景等，并且这些内容需要考虑迭代情况。

4）系统的交互活动包含集成、测试、验证、反馈等，这些工作已经不需要自然语言完成文档组织和管理，而是运用 MBSE 相关语言和软件来建模和管理。

MBSE 针对应用大系统分析来生产制造的产品，如航空航天、汽车等复杂产品，大系统的特征是规模庞大、结构复杂（环节较多、层次较多或关系复杂）、目标多样、影响因素众多，且常带有随机性的系统。这类系统不能采用常规的建模方法、控制方法和优化方法来分析和设计，因为常规方法无法通过合理的计算工作得到满意的解答。除此之外，还有许多超级大型的大系统的产品，如电力系统、城市交通网、数字通信网、柔性制造系统、生态系统、水源系统和社会经济系统中的产品，同样需要大系统分析方法论的指导。

在汽车的开发尤其是汽车的电气架构开发领域，MBSE 已经被越来越多的公司所引入，并且通过使用相关的软件工具，把 MBSE 应用到电气系统开发的各个领域，包括用户场景的描述、功能的开发、系统的详细设计和相应的测试验证。由于现在已经有了直接把模型转换为代码的工具，所以，很多原始设备制造商（OEM）可以通过 MBSE 的使用，具备或提高了一定的上层应用软件的开发能力。

MBSE 的三大支柱是建模语言，建模工具和建模方法。对象管理组织 OMG 决定在对 UML2.0 的子集进行重用和扩展的基础上，提出 SysML（Systems Modeling Language），作为系统工程的标准建模语言。与 UML 用来统一软件工程中使用的建模语言一样，SysML 的目的是统一系统工程中使用的建模语言。值得注意的是，2022 年 SysML 升级为 SysML 2.0，独立于 UML 做面向系统和物理世界描述元模型的重大升级，更方便用于复杂产品建模。

SysML 是 MBSE 常用建模语言，UML2.0 有 14 种图，而 SysML 定义了 9 种基本图形来表示模型的各个方面，如图 4-11 所示。从模型的不同描述角度来划分，这 9 种基本图形分成 4 类：结构图（Structure Diagram）、参数图（Parametric Diagram）、需求图（Requirement Diagram）和行为图（Behavior Diagram）。结构图包括类图（Class Diagram）和装配图（Assembly Diagram），行为图包括活动图（Activity Diagram）、序列图（Sequence Diagram）、时间图（Timing Diagram）、状态机图（State Machine Diagram）和用例图（Use Case Diagram）。SysML 结构如图 4-12 所示。

图中各项含义如下：

用例图：一种黑盒视图，是系统功能的高层描述，用于表达系统执行的用例以及引起系统执行行为的参与者。

模块定义图：一种结构图，与内部模块图及参数图互补，用于描述系统的层次以及系统/组件的分类。

内部模块图：一种结构图，与模块定义图及参数图互补，通过组件（Parts）、端口、连接器来用于描述系统模块的内部结构。

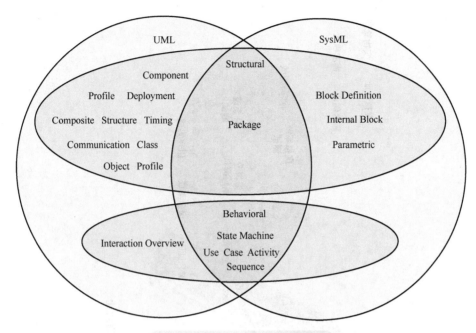

图 4-11　SysML 和 UML 的关系

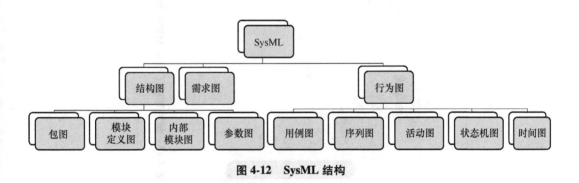

图 4-12　SysML 结构

包图：一种结构图，以包的形式组织模型间的层级关系。

参数图：SysML 特有的图，与模块定义图及参数图互补，用于说明系统的约束。

活动图：一种行为图，主要关注控制流程，以及输入转化为输出的过程。

序列图：一种行为图，主要关注并精确描述系统内部不同模块间的交互。

状态机图：一种行为图，主要关注系统内部模块的一系列状态以及在事件触发下的不同状态间的转换。

需求图：用于表述文字化的需求、需求间的关系，以及与之存在满足、验证等关系的其他模型元素。SysML 还包含了分配关系的表述，包括功能到组件的分配、软件到硬件的分配以及逻辑到物理的分配。

图 4-13 所示用两个图片再次对比了传统系统工程与 MBSE 系统工程的不同之处。需要注意的是，MBSE 的方法论和配套使用的工具在表现形式上会有所不同，然而都是遵从正向设计的需求分析 R、功能分析 F、逻辑设计 L、物理设计 P、产品构想（IDEA）传递设计规范至子实体和关联耦合实体这样的通用过程。

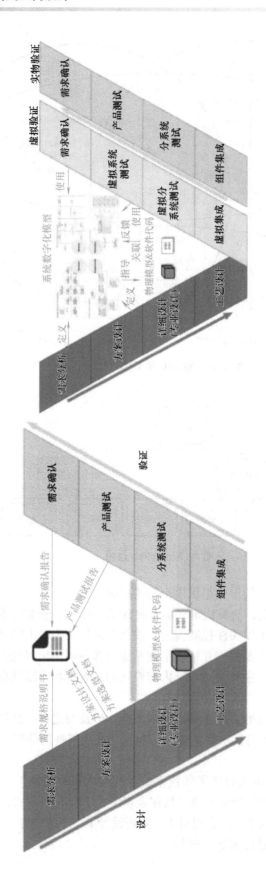

图 4-13　传统系统工程与 MBSE 系统工程对比

建模方法论是 MBSE 里重要的一环，也是大部分工程师开始接触 MBSE 的切入点。世界上已知的 MBSE 方法论主要有：以 SysML 为基础模型的方法论，如 IBM 提出的 Harmony SE 方法论、INCOSE 提出的 OOSEM 方法论、No Magic 公司（于 2018 年被达索收购）提出的 MagicGrid 方法论；以自定义模型为基础的方法论，如 Thales 提出的 Arcadia 方法论；其他维度的方法论，例如 Vitech 的 STRATA，Dori 的 OPM，NASA. JPL 的 SA（State Analysis），PTC 的 ASAP，Weilkiens 的 SYSMOD 等。

系统工程策略 MBSE 主要的建模语言 UML/SysML 是面向对象的语言。SysML（Systems Modeling Language，系统建模语言）是对 UML（Unified Modeling Language，统一建模语言）的扩展。在 UML 中最重要的概念是"类"（Class）。SysML 中，对"类"进行了扩展，称为"模块"（Block）。MBSE 的建模工作就是把要设计的系统及其各部分抽象为"模块"的过程，模块的主要用途是说明系统的架构。这个"模块"可以代表任何级别的产品。模块与模块之间可以有继承关系（或称泛化关系、父类泛化子类、子类继承父类）、组合或引用关联关系等。模块的各种属性、操作、关系可以显示在模块节点中的一个方框内，这些方框称为模块节点的一个"分区"（Compartment）。在 MBSES 软件中，模块的视图总共有 26 种分区，见表 4-1。通过"模块"节点的右键菜单添加各类属性、操作，模块就会显示这些分区。没有这类属性，模块节点是一定不显示这个分区的；如果有，还可以通过节点对属性框中的节点显示属性设置是否显示。

表 4-1　模块视图的 26 种分区

序号	种类	分区名称	属性
1	结构特征	部件（parts）	类型是"模块"且聚合关系是"组合"的属性
2	结构特征	引用（references）	类型是"模块"且聚合关系不是"组合"的属性
3	结构特征	值（values）	类型是"值类型"（valuetype）的属性
4	结构特征	约束（constraints）	类型是"约束属性"的属性
5	结构特征	连接器（connector properties）	类型是关联的属性
6	结构特征	参与属性（participant properties）	关联模块中，和两端被关联的模块对应的属性
7	结构特征	属性（properties）	任何类型的属性
8	行为特征	操作（operations）	类型为操作的行为特征
9	行为特征	接收（receptions）	类型为接收的行为特征
10	行为	类目行为（classifier behavior）	表示模块开始工作，一直到结束的整个过程的行为。一个模块只有一个类目行为，一般是一个状态机
11	行为	拥有行为（owned behaviors）	模块能够提供的各种服务。拥有行为包括类目行为，但是在 MBSES 中拥有行为分区中不重复显示类目行为
12	结构特征	绑定引用（bound references）	类型是绑定引用的属性

（续）

序号	种类	分区名称	属性
13	构造型	stereotypes	当构造型在分区中显示的时候，显示应用的构造型的属性
14	端口	端口（ports）	类型是端口的属性
15	端口	完整端口（full ports）	类型是完整端口的属性
16	端口	代理端口（proxy ports）	类型是代理端口的属性
17	属性	流属性（flow properies）	类型是流属性的属性
18	分配关系	分配从（allocatedFrom）	分配关系的源端元素
19	分配关系	分配到（allocatedTo）	分配关系的目标端元素
20	需求关系	改善（refines）	改善的需求
21	需求关系	满足（satisfies）	满足的需求
22	需求关系	跟踪从（tracedFrom）	跟踪的需求
23	需求关系	验证（verifies）	验证的需求
24	结构	结构（structure）分区	结构分区显示一个局部的内部模块图，显示模块的结构
25	命名空间	命名（namespace）空间分区	命名空间分区显示一个局部的包图，命名空间分区中的模块是当前模块嵌套类而已
26	图形	图形（image）分区	显示一个代表模块图形

4.3 形式化方法分类

形式化方法在古代就运用了，而在现代逻辑中又有了进一步的发展和完善。这种方法特别在数学、计算机科学、人工智能等领域得到广泛运用。它能精确地揭示各种逻辑规律，制定相应的逻辑规则，使各种理论体系更加严密。同时也能正确地训练思维、提高思维的抽象能力。形式化方法英文的名称是 Formal Methods。

形式化方法是基于数学的特种技术，适合验证。将形式化方法用于软件和硬件设计，是期望能够像其他工程学科一样，使用适当的数学分析以提高设计的可靠性和鲁棒性。但是，由于采用形式化方法的成本高，意味着它们通常只用于开发注重安全性的高度整合的系统。

形式化方法＝形式化模型＋形式化分析。采用形式化方法的验证手段的最重要优势是其完备性，它能从数学逻辑上完全证明系统设计的正确性。然而，形式化方法对原始设计进行反复提炼、抽象、提取、精化，最终得到其数学模型，这一过程目前还没有自动化的工具。有三类工具可完成三种不同的形式化功能：

1. 商业工具

商业工具有 AbsInt 的 Astree，Mathworks 的 Polyspace Code Prover 和 TrustInSoft 的 TrustInSoft Analyzer。这类软件可以做抽象解释和静态分析。

2. 模型检查 Model Checking

模型检查是搜索一个形式化模型的所有行为，以确定指定的属性是否满足。相关的主流商业工具有 Kind2（University of Iowa），JKind（Rockwell Collins），CEA 的 GATeL 和 Prover Technologies 的 Design Verifier 等。

3. 演绎法 Deductive Proof

演绎法是使用数学参数来判定每个形式化模型的属性，最终目标是定理证明（Theorem Proving），证明通常是基于 Hoare 逻辑和 Dijkstra 先决条件推理。相对于抽象解释和模型检查，演绎法是更有效的。然而该方法通常要求非常专业的人员参与，自动化程度较低，即使很普通的推理验证也经常需要耗费数周甚至数月的时间，难以在大规模的项目上应用，甚至在某些情况下是根本不可能使用的。相关的主流工具有 STeP（Standford Theorem Prover）、ACL2、HOL、PVS、TLV、Coq 等。

图 4-14 所示为形式化分析的全景图，可见三种方法的自动化程度和可处理的代码量由高到低排列，但安全属性证明的完备性由低到高排列。

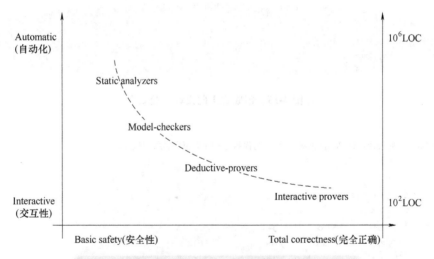

图 4-14 根据 Xavier Leroy 改写的形式化分析全景图

三种形式化方法中抽象解释和模型检查的工程实践应用较为广泛，ANSYS SCADE 中也已经内嵌了基于抽象解释和模型检查两种技术的形式化分析工具。抽象解释一般可通过简单的按钮操作进行标准化的分析来快速得出结果，对此就不做进一步描述；而模型检查的结果还是有些工作量的，部分复杂项目可能还会耗费工程师们大量时间才能成功应用。

4.4 确定关键参数及重要关系

在创成式正向设计过程中，可以从产品需求出发经过系统工程方法与语言转化为基于规则的编码，将这些编码进行科学化地控制结构生长过程，这时需要数理逻辑、算法、形式系统和多学科共同助力。如图 4-15 所示给出了创成式正向设计"公式",这里的规则与结构生长都需要极为重要的关键参数以及它们之间的相互关系来决定,如在轮毂设计中,中心孔直径、轮辐半径、分层数、等分数、扭转、材质、颜色都属于用户可以直接选择的关键参数如图 4-16 所示,这些参数不只是一种标志,而是影响到正向设计的每一个环节中,进而形成最终的成果图。因此,关键参数(控制点)是设计者、生产者和消费者密切联系的桥梁。在未来的智能制造 2.0 时代达成在线交互的统一。

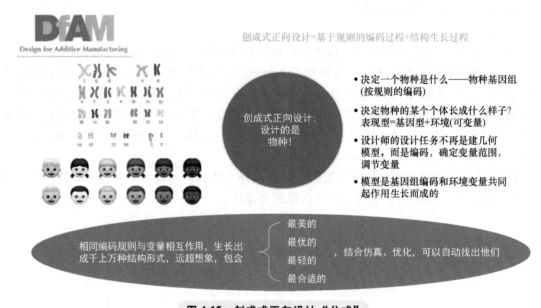

图 4-15   创成式正向设计"公式"

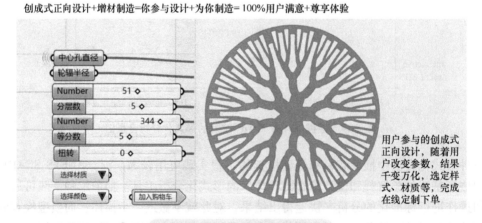

图 4-16   用户可选择的关键参数

在设计软件中,对于点、线、面、体的基本操作,对于含时间变化的函数的基本操作,对于数据序列、矩阵、数据树和数据库(群、图)的基本操作(反转 Reverse、展平 Flatten、嫁接 Graft、简化 Simplify),对于算法的循环迭代基本逻辑,对于行业软件的专业知识体系等,这些都属于设计过程中要考虑的关键参数和重要关系。抓住关键、抓住重点往往还需要经验和群体智慧去做取舍和优化，掌握范式和重视矛盾冲突，则可以让设计得到升华。

4.5 确定优化设计的原则

传统意义上的优化设计是从多种方案中选择最佳方案的设计方法。它以数学中的最优化理论为基础，以计算机为手段，根据设计所追求的性能目标，建立目标函数，在满足给定的各种约束条件下，寻求最优的设计方案。

系统的设计指导思想是综合考虑商业目标和战略，在设计师团队和供应链的支撑下，将目标分解为子目标集合和约束条件集合，统称规则的集合。

首先是企业管理者的支持和参与。管理者的作用是通过行动自上而下地贯彻、统一研发质量管控的思路，使所有参与者和所有活动都集中于不断改进研发质量。管理者必须付诸行动，而不是仅仅停留在公开演说阶段，积极、持续地参与到研发质量管理的工作中，与熟悉研发技术和流程的中层技术管理者紧密配合，不断关注研发质量管理的改善情况，是质量设计平台成功应用的关键。

其次，研发部门的中层技术管理人员和企业 IT 人员要相互配合，为质量设计平台的实施和应用营造良好的技术环境和人文氛围。深入分析企业的研发质量管理需求，制定详细、切实可行的规划，把握好系统实施的进度，确保持续获得阶段性的收益。同时，为研发人员提供高质量、与设计实际紧密结合的研发质量管理培训，建立相应的激励机制，鼓励技术人员积极摸索新的设计方法，并采用研发质量管理平台。研发人员学会了鱼骨图、控制图、矩阵图不代表研发质量的提高，而深入理解研发质量管理的实质，再灵活运用质量设计软件 PERA. Quality 精益研发质量设计子平台和工具，实际效果会好得多。

第三，千万不要忽略了企业的质量管理部门。正如前文所述，研发质量左右着后续的工艺、生产和检验等一系列的环节，企业的质量管理部门将生产、质检与研发质量管理结合起来。另外，PERA. Quality 平台本身已经将研发质量管控的理念贯穿到了产品的全生命周期中。企业可以吸纳质量管理部门的人员组成跨部门的独立研发质量管控小组，由企业管理者授权，统一管理、协调研发质量的改善工作。独立的研发质量管控小组将有助于改善项目的持续性和实施效果。

第四，研发人员的积极参与。研发人员不应仅为实现技术，要从设计方法论的角度看待设计过程，积极学习和掌握各种先进的设计方法，充分利用 PERA. Quality 平台提供的质量功能展开技术（QFD）、稳健设计等技术，将设计作为一项有目的性的、创造性的工作，将创新能力最大化，从而实现自身设计能力质的提升。

实施精益研发的质量管理平台、改善研发质量是转变企业传统观念和研发模式的过程，在全员积极参与的前提下，明确的战略目标，切实合理的项目规划，高效的项目组织，以及必要的激励手段是保证研发管理项目成功的关键，是使研发质量获得明显改善的重要基础。系统设计要素如图 4-17 所示。

概念性的优化设计包括如下步骤：

1）从战略层到表现层提炼目标要素。

系统的指导思想

- 技术任务的解决方案是由总目标和约束条件确定的。其技术功能的实现，经济可行性的程度和对人类和环境的安全要求的遵守可以视为总目标

- 这些目标中的每一个都对其余目标产生直接影响

- 此外还受到人体工程学，生产方法，运输设施，预期操作等的限制或要求

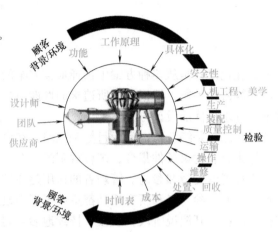

图 4-17　系统设计要素

2）制定具象化的需求。

3）构建可量化的产品模型。

4）选择优化的计算算法和取舍原则。

5）通过程序或编码设计执行计算（参数化）。

6）从结果中进行行业专家的二次人工选择。

7）重视范式和矛盾冲突来升华设计目标。具体案例示意图如图 4-18 所示。

系统级部件正向设计案例

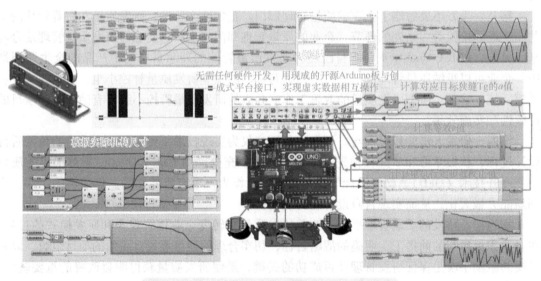

图 4-18　通过 AI 算法进行优化设计的案例示意

目前，这样的设计发展还在继续进行中，设计要触达人与自然的需求，需要科学、人文

和技术共同参与的智力活动，尤其对投资巨大的高端科技、先进制造而言，每个项目都堪称"责任如山"，每项技术都要经得起极其严格、严苛的科学审视和质量检验，使工业设计与现代制造、国民经济真正实现深度融合，团队协作的群体智慧在其中尤为重要。追本溯源的知识运用能力和艺术与美的判断力可以推动新的设计产业蓬勃发展，由 DfAM 引发的跨学科设计革命如图 4-19 所示。

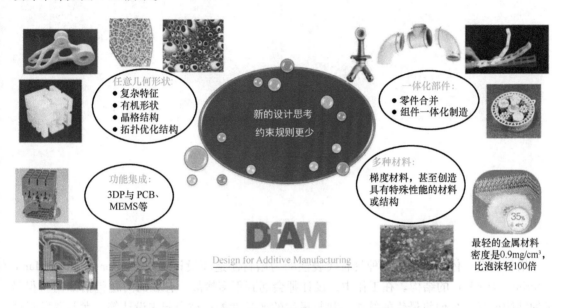

图 4-19 由 DfAM 引发的跨学科设计革命

习 题

1）设想你未来的发展方向和行业方向，拆分出它们的类型特点，并利用本章内容做一下功能拆解和设计分析。

2）通过查阅资料和互联网工具调研 TRIZ 理论的 40 个原理分别可以归类到哪些学科，并任选其中的 5 个原理通过一篇短文阐述如何进行知识的结合。

3）目前的创新设计层面有几大不足之处？请通过调研探究具体哪些行业领域可以使用 MBSE 提高创新能力，并说明理由。

4）作为一个设计师，对于抽象体系如何应用到工作实践中应该有自己的思考。本章介绍的工具和系统化思想是规整自己创新思路的利器，请从正向设计的多个流程和关键思想中提炼对自己有帮助的部分，并结合增材制造技术，谈谈自己的看法并形成一篇报告。

5）设计阶段的成本优化对于商业化运营非常重要，试调研产品参数的成本优化模型及应用，来探究如何用系统工程的思路实现成本优化。

5

第 5 章 结构设计—
仿真—优化

5.1 一体化结构

增材制造一体化结构是一种具有代表性的为增材制造而设计（Design for Additive Manu-facturing，DfAM）的结构。在工作中，设计师会遇到很多挑战，存在的问题包括如何获得最优的结构形状，如何将最优的结构形状与最优的产品性能相结合起来设计等。尤其是针对增材制造的技术特点，设计师需要突破自身思维的束缚。

设计师在重新考虑如何利用增材制造技术，以增材制造的思维去设计时，需要突破以往通过铸造、压铸、机械加工制造方法所带来的思维限制，这个过程是充满挑战的。

突破传统设计思维的限制是一个需要用户与增材制造企业长期共同努力的过程。除此之外，增材制造软件的应用也是推动增材制造思维的力量。近年来，国产软件企业华曙高科 Star 系列、中望 CAD，以及国外的 Ansys、Autodesk 、Altair solid Thinking 等软件公司为设计师提供了智能化的为增材制造而设计的工具。欧特克 netfabb、Materialise 3-matic 和 Magics 等软件，为培养 DfAM 理念提供了相关的深化软件，这些软件具有支持文件编辑、切片、点阵结构设计和拓扑优化零件的模拟变形等功能，将设计与增材制造有效地结合起来。而对于复杂的工程还需要更大的端到终端的软件解决方案的支持。例如，西门子的 PLM 增材制造产品生命周期管理系统和达索的 3D Experience 平台，这些软件都将 DfAM 的理念进一步演绎到更系统化的范围内。

5.2 结构里的数学

站在科学思想意义的高度来理解，结构是人们对空间性质的归纳总结和普遍性理解，能够找到空间性质中的多元转换不变性、对称性，又可以演绎灵活的变化和生成的特性。对平面/空间/立体结构的把握是设计中一大类问题，如艺术设计的空间构成、环境设计的空间设计、建筑空间设计、机械设计中的平面结构和空间结构、产品设计中的空间造型等。在普遍概念里，平面结构范围较小侧重于面和局部，而空间结构范围广，往往侧重于整体。随着自然科学、科技技术的发展，结构越来越千变万化，并分布于多门学科之中，越来越需要系统化学习和软件封装。

现实中的结构的复杂度是可以量化的，其所代表的拓扑性质是数学研究的一个大领域。基础上来讲，欧拉示性数 X 可以代表几何体的复杂度。一般的多面体和球体是 $X=2$ 的几何体。那如果多面体或者球体有洞怎么计算呢？这里就考虑亏格的概念。

亏格是数学之拓扑学中最基本的概念之一。其定义是若曲面中最多可画出 n 条闭合曲线，同时不将曲面分开，则称该曲面亏格为 n。以实体闭合曲面为例，亏格（genus）就是曲面上洞眼的个数，如图 5-1 所示。

图 5-1　不同亏格的曲面

这时欧拉示性数 $X=2-2g$，如图 5-2 所示。

亏格(g)	示性数(x)	关系	图例
0	2	2=2-2×0	
1	0	0=2-2×1	
2	-2	0=2-2×2	
g	2-2g	2-2g	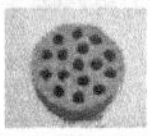

图 5-2　亏格与示性数关系

如果设置亏格为 4 的周期性极小曲面，如图 5-3 所示。

上面是依靠欧拉示性数方法做的结构复杂度分类。学术界已经研究出很多实用的曲面构造，并且具体的实现方法现在可以通过软件或者插件进行生成和选择，具体结构的设计如胞元、拓扑等在后续章节会详细展开。

使用常规三维 CAD 软件，如 NX、Creo、CATIA 等，以生成体心立方结构为例，根据长方体体对角线，建立四根支架，形成体心立方单元；体心立方单元向 x、y 轴两个方向阵列，得到 10×10 个单元的"面"。由于模型特征数目多，阵列时速度较慢。多个"面"通过装配形

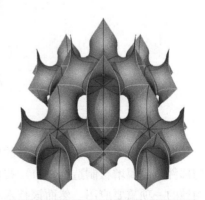

图 5-3　亏格为 4 的周期性极小曲面

成待研究的体心立方点阵结构，如图 5-4 ~ 图 5-7 所示。由于单个"面"特征数目多，采用复制或者阵列命令会由于 计算机的硬件限制而造成特征生成失败。

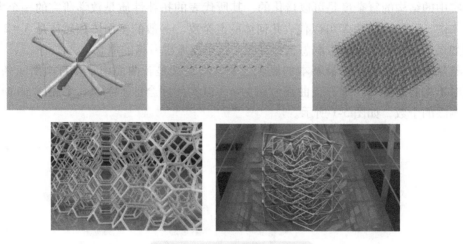

图 5-4　不同类型的结构阵列

【正方体设计空间范围】　　　　　　　　　　　　　　【圆柱体设计空间范围】

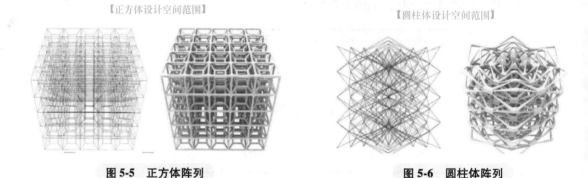

图 5-5　正方体阵列　　　　　　　　　　**图 5-6　圆柱体阵列**

【面-面设计空间范围】

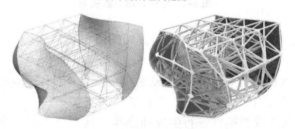

图 5-7　面-面结构设计

　　金属点阵结构，由于其优秀的机械性能和多功能性，被广泛用于能量吸收、热交换和结构部件。金属增材制造（SLM）技术在制造复杂晶格结构方面具有显著优势，目前已成为该领域的一项重要应用。然而该技术本身目前所无法有效克服的缺陷问题却极少在点阵结构制造中被重视，而且实际制备的试样和理想设计模型往往存在较大偏差。

采用理论分析、试验测试和数值模拟相结合的方法对增材制造的金属点阵结构进行研究，发现此类结构的力学性能主要取决于单元拓扑结构、几何参数、加载条件和制造工艺等因素，也不可忽略实际几何体由于受到重力等因素影响会发生大的变化。采用 X 射线 CT、原位压缩试验、统计有限元模型和数值模拟相结合的方法对增材制造产生的几何缺陷可能造成的影响进行修正评价，分析不同几何缺陷对点阵结构力学性能、变形机理和能量吸收能力的影响。

5.3　仿生结构和算法

人们在结构设计上遇到困难有时找不到正确解决方式途径，然而生物界千百万年的进化过程中或许早已经有解决方案，人类从事设计活动可以从生物界得到有益的启示。研究生物系统的结构和特征，并以此为工程技术提供新的设计思想、工作原理和技术系统构成的科学，称为仿生学（bionics），现代仿生学分类如图 5-8 所示。《Bionics by Examples：250 Scenarios from Classical to Modern Times》一书中讲述了大量的例子和仿生学的应用场景，有兴趣的读者可以查阅以了解仿生学前沿概况（在这里不详细展开）。

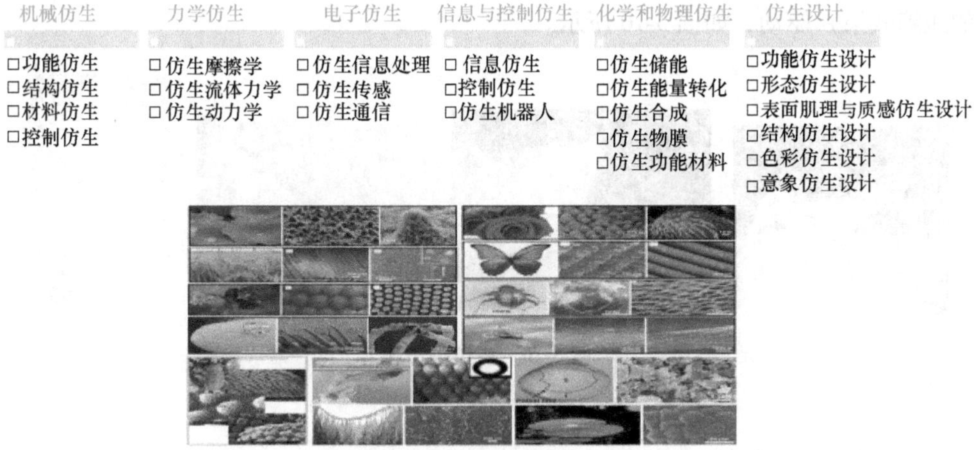

机械仿生	力学仿生	电子仿生	信息与控制仿生	化学和物理仿生	仿生设计
□功能仿生	□仿生摩擦学	□仿生信息处理	□信息仿生	□仿生储能	□功能仿生设计
□结构仿生	□仿生流体力学	□仿生传感	□控制仿生	□仿生能量转化	□形态仿生设计
□材料仿生	□仿生动力学	□仿生通信	□仿生机器人	□仿生合成	□表面肌理与质感仿生设计
□控制仿生				□仿生物膜	□结构仿生设计
				□仿生功能材料	□色彩仿生设计
					□意象仿生设计

图 5-8　现代仿生学分类

仿生学是研究生物系统的理化原理、结构、特质、功能、能量转换、信息控制等各种优异的特征，并把它们应用到技术系统，改善已有的技术工程设备，并创造出新的工艺过程、建筑构型、自动化装置等技术系统的综合性科学。仿生学的成功要求不局限于外形的相似，以结构功能达成解决方案才是更为关键的成功，结构仿生及算法仿生分类如图 5-9 所示。

仿生学的研究内容包括但不限于以下几个方面：

1. 机械仿生

研究动物体的运动机理，模仿动物的地面走/跑、地下行进、墙面行进、空中飞、水中游等运动，运用机械设计方法研制运动装置。

2. 力学仿生

研究并模仿生物体总体结构与精细结构的静力学性质，生物体各组成部分在体内相对运动和生物体在环境中运动的动力学性质。

结构仿生	算法仿生
● 机械仿生 ● 电子仿生 ● 化学仿生 ● 物理仿生 ● 生物仿生 ● 微结构仿生 ● 自组织仿生 ● 信息与控制仿生 ● ……	● 遗传变异算法 ● 退火算法 ● 蚁群算法 ● 粒子群算法 ● 神经网络算法 ● 深度学习算法 ● 人工免疫算法 ● 贝叶斯类(Bayesin)类 ● 决策树算法 ● 线性分类器算法 ● ……

图 5-9 仿生分类

例如模仿贝壳修造的大跨度薄壳建筑，模仿股骨结构建造的立柱，既消除应力特别的几种区域，又可使用最少的建材承受最大的载荷。

动力源的种类和控制系统比较多，有电机驱动，气动驱动，液压驱动，舵机（内部集成了减速器、位置反馈装置）驱动，还有人工肌肉（肌肉由肌肉单元组成，肌肉单元是一个油囊，在一侧有金属电极，电极通电时，会产生麦克斯韦应力迫使油液运动，产生类似于肌肉的压缩效果）驱动，如图 5-10 所示。

   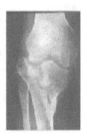

图 5-10 多类型仿生

3. 电子仿生

模仿动物的脑和神经系统的高级中枢活动、生物体中的信息处理过程、感觉器官、细胞之间的通信、动物之间通信等，研制人工神经元电子模型和神经网络、高级智能机器人、电子蛙眼、鸽眼雷达系统以及模仿苍蝇嗅觉系统的高级灵敏小型气体分析仪等。

4. 化学和物理仿生

模仿光合作用、生物合成、生物发电、生物发光等。例如利用研究生物体中酶的催化作用、生物膜的选择性、通透性、生物大分子或其类似物的分析和合成，研制了一种类似的有机化合物，用千万分之一微克诱杀雄蛾虫。

5. 信息与控制仿生

例如蝙蝠和海豚的超声波回声定位系统、蜜蜂的"天然罗盘"、鸟类和海龟等动物的星象导航、电磁导航和重力导航系统等。

在仿生设计中注意形象思维和抽象思维的结合，设计过程是一个整体创新的过程，注重功能目标，结果往往伴随着多值性，即存在着多种解决方案，选择要力求结构简单，工作可靠，成本低廉，使用制造、维护方便的仿生结构方案。列举一个典型的仿生系统——Linden mayer

系统，简称 L 系统，是由荷兰乌特勒支大学的生物学和植物学家，匈牙利裔的林登麦伊尔于 1968 年提出的有关生长发展中的细胞交互作用的数学模型，尤其被广泛应用于植物生长过程的研究。基于 L 系统的分形图形的绘制就使用了小海龟绘图法，通过更高级的编程语言，能够绘制出三维的植物生长模拟图。

L-system 的自然递归规则导致自相似性，也因此使得分形一类形式可以很容易地使用 L-system 描述。植物模型和自然界的有机结构生成，非常相似并很容易被定义，因此通过增加递归的层数，可以缓慢生长并逐渐变得更复杂。L-system 同样在制造人造生命领域得到应用。

L-system 与人类语言不一样的地方，首先在于不同语素的出现模式。人类语言的语素，不论是中文还是英文，总是一个接一个出现的（sequential），且前面出现的语素会影响后面语素的形式。这样设计的原因很简单，因为说话是一个个字（单词）地说出来的。但是在大自然"语言"的句子中，很多时候，语素是同时出现的。对照上面例子，当 $n=1$ 往 $n=2$ 变化时，A 变成了 AB，B 变成了 A，这两个过程是同时发生的，而不是等 A 变化完成后，B 再作变化。这种变化模式，就是所谓的并行（Parallel）。

再者，人类语言的句子，从头写到尾，是逐渐出现的。后面语素添加时，不会影响已经出现的语素的形式；而 L-system 则是从一个初始值开始，根据生成规则不停地迭代，各个变量会被不断"修改"，最终产生复杂的结果。这就是所谓的刷写（Rewriting）。

因为 L-system 的产品是基于少数几个生成规则迭代而成的，所以它的结果带有"自相似性"（Self-similarity），也就是每一次迭代产生的新结构，总是和上一代的结构相同。通俗地说，就是把结果图形不断放大，它看起来总是与它自己一致。这个发现，与同时代发现的分形（Fractal）不谋而合。

随着人们对 L-system 研究的深入，越来越多的参数加入到这个系统之中，使得越来越多的分支结构得到描述。现代很多三维 CAD 软件公司都与时俱进，开发出 L-system 模块，使得用户可以高效且科学地创建各种树状结构和粒子特效。

在仿生结构的基础上，涉及造型、纹理、表皮、微结构的生成，就要考虑采用如下的多种仿生算法：

（1）蚁群算法　蚁群算法利用信息正反馈机制，在一定程度上可以加快算法的求解性能，同时算法通过个体之间不断地进行信息交流，有利于朝着更优解的方向进行。尽管单个蚁群个体容易陷入局部最优，但通过多个蚁群之间信息的共享，能帮助蚁群在解空间中进行探索，从而避免陷入局部最优。

基本蚁群算法搜索时间长，而且容易出现停滞。由于蚁群算法在求解的过程中，每只蚂蚁在选择下一步移动的方向时，需要计算当前可选方向集合的转移概率，特别是当求解问题的规模较大时，这种缺陷表现得更为明显。同时，由于正反馈机制的影响，使得蚁群容易集中选择几条信息素浓度较高的路径，而忽略其他路径，使算法陷入局部最优解。另外，算法的收敛性能对初始化参数的设置比较敏感。

（2）遗传算法　遗传算法以决策变量的编码作为运算对象，借鉴了生物学中染色体和基因等概念，通过模拟自然界中生物的遗传和进化等机理，应用遗传操作求解无数值概念或很难有数值概念的优化问题。遗传算法是基于个体适应度来进行概率选择操作的，从而在搜索过程中表现出较大的灵活性。遗传算法中的个体重要技术采用交叉算子，而交叉算子是遗传算法所强调的关键技术，它是遗传算法产生新个体的主要方法，也是遗传算法区别于其他仿生优化算法的一个主要不同之处。

遗传算法的优点是将问题参数编码成染色体后进行优化，而不针对参数本身进行，从而保证算法不受函数约束条件的限制。搜索过程从问题解的一个集合开始，而不是单个个体，具有隐含并行搜索特性，大大减少算法陷入局部最优解最小的可能性。遗传算法的主要缺点是对于结构复杂的组合优化问题，搜索空间大，搜索时间比较长，往往会出现早熟收敛的情况。它对初始种群很敏感，初始种群的选择常常直接影响解的质量和算法效率。

（3）微粒子群算法　微粒子群算法是一种原型相当简单的启发式算法，与其他仿生优化算法相比，算法原理简单、参数较少、容易实现。其次微粒子群算法对种群大小不十分敏感，即使种群数目下降其性能也不会受到太大的影响，同时算法收敛速度较快。微粒子群算法目前存在的问题是：精度较低，易发散，若加速系数、最大速度等参数太大，微粒子群可能错过最优解，算法不能收敛。而在收敛情况下，由于所有的粒子都同时向最优解的方向飞去，所以粒子趋向同一化（失去了多样性），使算法容易陷入局部最优解，即算法收敛到一定精度时，无法继续优化。

（4）支持向量机算法　从某种意义上看是逻辑回归算法的强化，通过给予逻辑回归算法更严格的优化条件，支持向量机算法可以获得比逻辑回归更好的分类界线。但是如果没有某类函数技术，则支持向量机算法最多算是一种更好的线性分类技术。但是，通过跟高斯"核"的结合，支持向量机可以表达出非常复杂的分类界线，从而达成很好的分类效果。"核"事实上就是一种特殊的函数，最典型的特征是可以将低维的空间映射到高维的空间。

（5）人工神经网络　人工神经网络系统是一个高度复杂的非线性动力学系统，不但具有一般非线性系统的共性，更主要的是，它还具有高维性和神经元之间的广泛互连性。

人工神经网络能广泛地进行知识索引，对待噪声、不完整或不一致的数据具有很强的处理能力，使人工神经网络成为多变量经验建模的有效工具。

人工神经网络算法的不足是：①学习速度较慢；②人工神经网络算法是一种局部搜索算法，求解复杂非线性函数的极值问题时，算法容易陷入局部解；③网络结构的选择没有统一的理论指导，只能依靠经验选定；④存在过度拟合现象，即使一般情况下，训练能力差时，预测能力也差，在一定程度上预测能力随着训练能力的提高而不断提高，但这种趋势存在一个极值，当达到这个极值时，预测能力随着训练能力的提高反而下降；⑤改进的人工神经网络收敛速度较慢，且目前尚无成熟的理论依据确定其隐含层数和隐含层节点数。

（6）人工免疫算法　人工免疫算法的特征包含每个元素具有智能性，具有较高的自治性，能判断其他元素是否为自体类型，免疫系统元素选择性地识别非自体类型，多样性是由基因组合产生的。在网络组件阶段自我学习，只要新的非自体出现就进行非自体学习。识别是被动方式，试图识别非自体，单位之间的通信是亲和度，而不是硬链接。

人工免疫算法模拟了人体免疫系统所特有的自适应性和人工免疫这一加强人体免疫系统的手段，采用了基于浓度的选择更新策略，防止了早熟现象的发生，保证了搜索过程朝着全局最优进行。人工免疫算法的搜索目标具有一定的分散性和独立性，实现的是多样性搜索。

人工免疫算法是建立在精确数学模型或进化计算的基础上，数学模型简单，易于实现，但功能不强，且容易失真，其智能度也没有其他几种仿生优化算法高，较其他仿生优化算法相比，改进麻烦。

（7）**人工鱼群算法**　其特点是：①具有快速跟踪极值点漂移的能力，而且也具有较强的跳出局部极值点的能力；②算法只需要比较目标函数，对目标函数的性质要求不高；③算法对初值和参数设定的依赖性不高，可以通过随机或者设置固定值的方式产生初值，参数设定也容许在较大的范围内取得；④具有较快的搜索速度和并行处理问题的能力，对于精度要求不高的问题，可以快速得到问题的一个可行解；⑤不需要问题的严格机理模型，甚至不需要对于问题的精确描述，应用范围较广。

人工鱼群算法的缺点是：①算法只获取问题的满意解域，对于精确解的获取，还需对其进行适当改进；②当人工鱼个体的数目较少时，人工鱼群算法便不能体现其快速有效集群性的优势；③人工鱼群算法的数学基础比较薄弱，目前还缺乏具有普遍意义的理论分析；④当寻优的域较大时或出于变化相对平坦的区域时，搜索性能下降；⑤算法在搜索初期有较快的收敛速度，但后期搜索速度较慢。

此外，仿生算法与热门的人工智能有关联也有区别，有些算法的内在逻辑结构和仿生学的发展有关，但是使用的目标和问题的求解都是要落实到具体场景的。如图 5-11 所示列出了人工智能的基本结构和利用到的多种类型的算法。

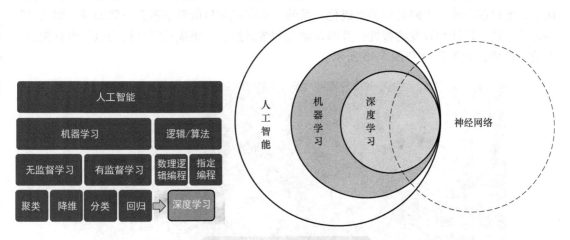

图 5-11　人工智能中的仿生学

5.4　功能集成结构

增材制造技术在下一代电子方面的潜力是巨大的，而在开发功能化的结构电子的潜力方面，集成式设计是一大挑战，也是一大趋势，图 5-12 所示为无人机功能集成机构。

美国在结构性功能电子的 3D 打印研究方面有优势，典型的企业包括哈佛的 Voxel8，麻省理工的 MultiFab，以及获得 GE 和欧特克投资的 Optomec。预见功能性电子的增材制造技术正在崛起。

图 5-12　无人机功能集成机构

增材制造带来的无与伦比的优势是复杂产品的生产，包括工装夹具、飞机零部件和牙科医学的应用。随着这些应用变得越来越普及，另外一个关于电子功能件的增材制造应用已出现，整合性电子的结构，包括传感器（应变计、温度感应器或变形感应器）正在强化增材制造的重要性，如图 5-13 所示。

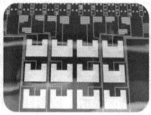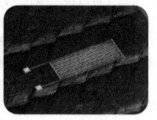

图 5-13　3D 打印电子元器件

集成是一个不断探索的领域，最初研发专家只将传感器集成到电子产品中，而传感器和电子产品分别通过单独的工艺制造而成，无论在陶瓷或柔性基板中。然而随着材料和工艺的成熟，增材制造技术走向更加的集成化。虽然一步完成在目前看来不会一蹴而就，但经过仔细评估材料，设计和开发的特性，并部署制造和测试过程，集成功能结构的电子增材制造正在成为趋势，如图 5-14 和图 5-15 所示。

图 5-14　传感器与电子产品集成

在近几年，可以看到 3D 打印手机盖上集成 3D 打印天线的测试平台，通过详细的、系统的开发解决方案，目前可以很容易地生成基准集成天线，即模塑互连工艺或蚀刻冲压天线注射成型，如图 5-16 所示。对手机盖和天线的基准（Benchmark）的建立是通过创建一个3D 打印射频测试夹具，以便在商业和现有的覆盖情况和适当的射频环境下进行测试。通过对电磁场数值模拟的数字作为基准来处理 CAD 文件，然后测量不同的 3D 打印手机盖材料，根据经验和数据来确认最合适的建模方式以及最合适的打印方法。

集成技术的意义还包括可以在硬质或柔性线路板的基础上，通过对聚酯的打印实现与传统的电子产品之间的集成，如图 5-17 所示。这样的技术可以帮助客户增强特定的产品价值，包括质量、成本、可用性和可靠性。

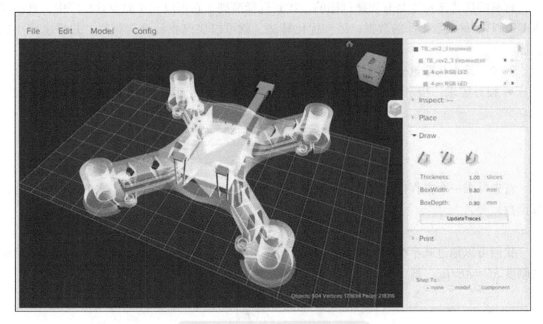

图 5-15 集成功能结构的电子器件

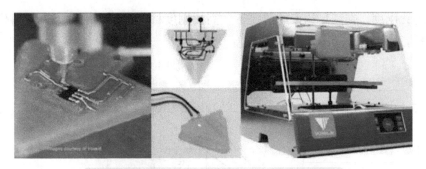

图 5-16 模塑互连工艺或蚀刻冲压天线注射成型

图 5-17 柔性线路板

5.5 不同材料的分布和优化

创成式正向设计中的材料优化选择：

材料的优化选择也是有规律可循的，找到选择准则，在创成式正向设计程序中，直接导入 GRANTA 材料数据库的数据，结合优化算法，就可以快速找到最佳材料，并得出最小横截面。

例如：最小化重量——轻质刚性拉杆（索）

- 设计需求：指定刚度 S^*，长度 L_0，选择材料和横截面面积 A，求得最小化质量。

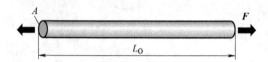

首先寻求一个方程描述数值的最大化或最小化，这里是杆的质量 m，这个方程（称为目标函数）是：

$$m = AL_0\rho$$

我们可以通过减小横截面面积来减小质量，但有一个约束：横截面面积 A 必须提供足够的刚度 $S^* = AE/L_0$，则

$$m = S^* L_0^2 \left(\frac{\rho}{E}\right)$$

$$M_t = \frac{E}{\rho}$$

M_t 称为比刚度，在满足约束的前提下，高比刚度材料是最好的选择。材料优化选择如图 5-18 所示，应用行业如图 5-19 所示。

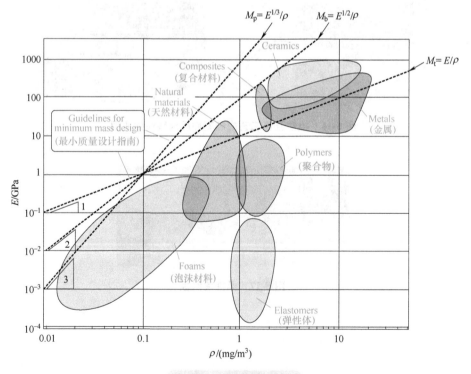

图 5-18 材料优化选择

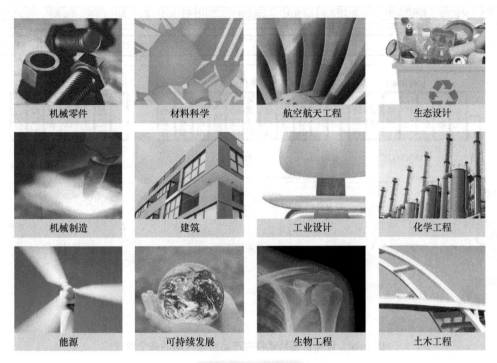

图 5-19 应用行业

5.6　计算机辅助设计

5.6.1　现代 CAX 体系简述

CAX 指的是计算机辅助软件，即 CAD、CAM、CAE、CAPP、CAT、CAI 等各项技术分布于产品生命周期的各个阶段，如图 5-20 所示。在增材制造领域，多阶段计算机辅助技术的运用更具有跨度大、灵活度高的特点。

CAI 主要是从知识工程和复杂系统工程思想入手，结合计算机编程和建模来实现系统及产品的流程化管理。目前国际学术界主要是从航空航天、军工、能源电力等领域进行细分领域的研究，尚未成为成熟体系，从先进制造业的未来展望看，CAI 有着非常关键的意义所在。

CAD 包括 AutoCAD、Creo（Pro/E）、NX（UG）、SolidWorks、CATIA 等。当前市场环境下用 CATIA 设计汽车用得多，用 NX 设计模具用得多，用 Creo 设计手机用得多，建模软件分类如图 5-21 所示。

CAID（计算机辅助工业设计）包括 Rhinoceros、Alias、ICEM Surf 等。

CG（计算机图形）包括 3DMax、Maya、Cinema 4D 等。（注意：在建模软件这部分，指代的行业主要是 CG 艺术与设计、游戏软件、动画）

CAE 软件已形成了各自擅长的生态，CAE 软件分类如图 5-22 所示。

强度分析方面的 CAE 软件有：Ansys、Abaqus、Nastran、Adina 等。

基于增材思维的创成式正向设计

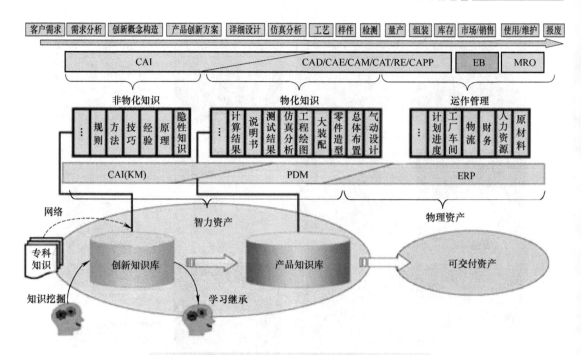

图 5-20　计算机辅助软件在产品生命周期的各个阶段

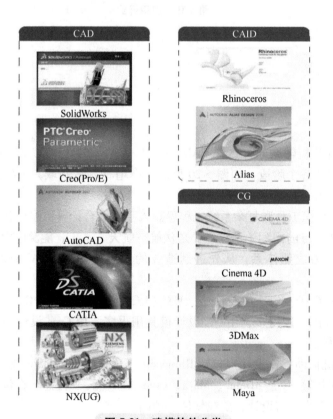

图 5-21　建模软件分类

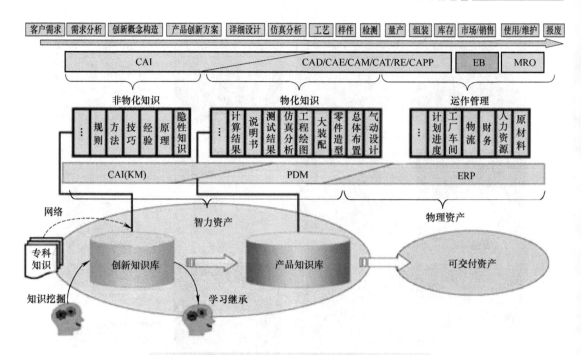

图 5-20　计算机辅助软件在产品生命周期的各个阶段

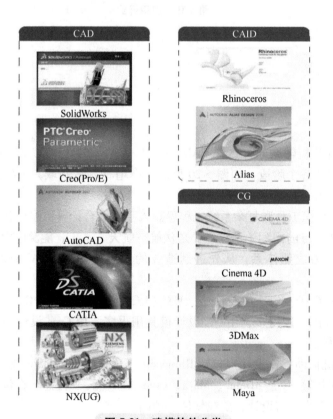

图 5-21　建模软件分类

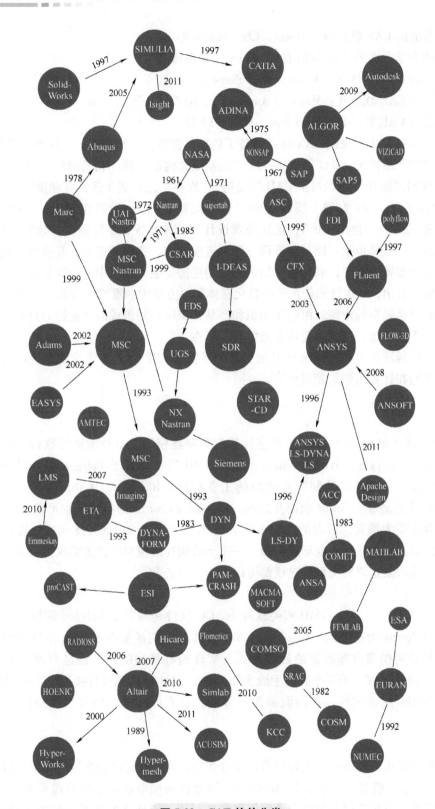

图 5-22 CAE 软件分类

流体方面的 CAE 软件有：Fluent、Cfx、Starcd 等。

多体动力学方面的 CAE 软件有：Adams、Simpack 等。

电磁方面 CAE 软件有：Ansoft、Magneforce 等。

铸造方面 CAE 软件有：Magma、Anycasting、proCAST 等。

注塑方面 CAE 软件有：Mold flow、Moldex3d 等。

集合了 CAI 技术的现代 CAX 体系具备了创新的优势。一般来说，一件产品全生命周期，从客户需求到产品报废，CAI 可以支持从"创新概念构造"到"仿真分析"阶段；"仿真分析"之后直到"库存"阶段可由 CAD 等支持；"库存"之后属于运营管理阶段，可由 ERP、CRM 等加以支持。CAI 为整个流程提供"非物化知识"，包括隐性知识、规则、方法等；CAD 等所提供的是"物化知识"，包括外观设计、总体布置、零件造型、装配、说明书等；运营管理流程一般又包括：原材料管理、计划进度管理、物流管理等。非物化知识和物化知识均属于企业的智力资产，而非物化知识的应用更需要强大且易用的计算机辅助工具加以支持。由此可以看出，CAI 技术是企业信息化整体解决方案中的重要组成部分，在产品的生命周期中具有举足轻重的作用。由创新知识和产品知识所共同组成的企业智力资产是企业交付最终产品的不竭源泉，也是企业核心竞争力之所在。

此外，值得注意的是，PDM 产品数据管理系统和 ERP 企业资源计划系统随着相关技术的发展也开始在计算机创新领域拓展。

5.6.2 辅助设计的文件格式

Polygon 多边形和 Nurbs 曲面是根据计算机数字建模的基本技术进行软件的区分的。前者常常应用于 CG 行业，3DMax、Maya、Cinema 4D 等就是基于 Polygon 多边形开发的；而 Nurbs 曲面是工业设计以及制造业领域的工业标准，Rhinoceros、Alias、NX、SolidWorks、Catia、Creo 等都是基于 Nurbs 曲面开发的。Polygon 和 Nurbs 的本质区别可以类比 Ps 和 Ai，前者的处理本质为像素，后者的处理本质为公式（矢量）。Polygon 技术的处理本质为多边形，无数的多边形拼接在一起形成模型，一个十分粗糙的模型经过无数次细分就能变得很精致。值得注意的是这两种类型的建模都可以用于增材制造。

1. Polygon 和 Nurbs 软件分类

在 CG、CAD、CAM、CAID 四类软件中，CG 软件是偏重于 Polygon 建模的，其他三类软件都是以 Nurbs 为基础的。CAID 和 CAM 软件的区别最初在实体核心和曲面核心，实体、曲面是指对模型内部数据的处理方式，实体核心模型的每个面是有厚度的，曲面核心模型的面没有厚度，需要单独的生成实体操作，CAM 软件现可直接用于工业制造。Rhino 是第一个 Nurbs 建模软件，其曲面都是片体的，没有厚度的，后面也发展出了实体建模技术。

2. 渲染区别

渲染是设计可视化的一个重要环节，如今在行业内产业链已经发展的相对很成熟。渲染器只认识 Polygon 模型，不认识 Nurbs 模型。因此任何模型在渲染时都需要处理成 Polygon 模型。这样就需要把建模和渲染当成两件事情来对待，不要受渲染器局限去选择建模工具，建模更为重要。

3. Polygon 模型和 Nurbs 模型互换

目前从 Nurbs 模型导成 Polygon 模型有非常完善的技术，例如 Rhino 中有直接的 Mesh/ToNurbs 指令就可以转换，但从 polygon 模型导成 nurbs 模型相对不容易完美，如果希望在 Sketchup、Maya、3DMax 里面建好模型再到 CAD、CAM、CAID 软件里面修改很难完美实现，有兴趣的读者可以参考各软件中的相关转化操作。

5.6.3　逆向辅助设计

Imageware 由美国 EDS 公司出品，正被广泛应用于汽车、航空航天、消费家电、模具、计算机零部件等设计与制造领域。

美国 Raindrop 公司出品的逆向工程和三维检测软件 Geomagic Studio 可轻易地从扫描所得的点云数据创建出完美的多边形模型和网格，并可自动转换为 Nurbs 曲面。Geomagic Studio 是除了 Imageware 以外应用最为广泛的逆向工程软件。

CopyCAD 是由英国 DELCAM 公司出品的功能强大的逆向工程系统软件，它能允许从已存在的零件或实体模型中产生三维 CAD 模型。该软件为数字曲面的产生提供了复杂的工具。CopyCAD 能够接受来自坐标测量机床的数据，同时跟踪机床和激光扫描器更新数据。

RapidForm 是韩国 INUS 公司出品的逆向工程软件，RapidForm 提供了新一代运算模式，可实时将点云数据运算出无接缝的多边形曲面，使它成为 3D 扫描后处理之最佳化的接口。RapidForm 也将使工作效率提升，使 3D 扫描设备的运用范围扩大，改善扫描品质。

三维扫描技术和 RapidformXO Redesign 给制造者提供了抽取实际物体的设计参数的自由和弹性，这包括了棱柱特征和自由曲面。

除此之外，RhinoResurf for Rhino 是 Rhino 软件中付费的逆向工程插件。该插件使 Rhino 能够从描述对象的网格或点云中重建由对象的 Nurbs 曲面表示的几何体。

MeshFlatten for Rhino 是 Rhinoceros4.0 和 5.0 的插件。此插件使 Rhino 能够展开选定的网格模型。MeshFlatten for Rhino 的设计非常人性化，用户只需选择一个网格并单击右键，扁平结果将自动计算出来。MeshFlatten for Rhino 可以将三维曲面展开为二维网格。

Catia/Generative 为法国达索公司开发的包括创成式装配件结构分析解决方案，具体如下：

创成式工程绘图 GDR：Generative Drafting。

创成式外形设计 GSD：Generative Shape Design。

创成式曲面优化 GSO：Generative Shape Optimizer。

创成式零件结构分析 GPS：Generative Part Structural Analysis。

创成式装配件结构分析 GAS：Generative Assembly Structural Analysis。

Digital Project（DP）是参数化建模软件，是以 CATIA 为基础精简改进而成，去除了大量被认为在建筑领域不需要的功能。

Autodesk/Netfabb 是美国欧特克公司在涉足制造业产品后，收购了包括 Moldflow、Delcam 以及 Pan Computing 在内的一系列软件和制造加工企业，随后在 Autodesk Netfabb 的解决方案中，融合了 Delcam 的机加工技术和 Pan Computing 用于增材制造的模拟仿真软件。此外还包含 Project Dreamcatcher、Fusion 360。

Solid Edge ST10 是一款由德国西门子公司发布的功能强大、操作友好的全新模型设计软件。Solid Edge ST10 采用全新的创成式建模、增材制造和逆向工程功能（所有这些功能均通过 Siemens 收敛建模技术实现），简化了复杂的设计和制造过程，并且以全新的设计技术、增强的流体和热传递分析以及云协同工具，为设计、仿真和协作提供强大的增强功能，全面提升产品开发的每个阶段。同时搭配使用拓扑优化与创成式设计，优化产品的重量、强度和材料使用率，使设计人员能够大幅提高产品设计效率，显著增强处理导入几何体的能力。

Altair 公司的 solidThinking 品牌下目前主要有三个产品：

solidThinking Evolve：面向工业设计师的造型和渲染软件。

solidThinking Inspire：面向设计工程师的优化分析软件。

Click2Cast：针对铸造设计的软件。

5.7　结构的设计—仿真—优化一体化选择

随着信息技术和数字化技术的发展，设计—仿真—优化一体化理念在工业领域已经有着20 多年的发展历史，并形成了非常多的针对具体设计对象和结果的技术路线和工作流程。目前的国内外主流软件也都这样进行整合工作，一体化策略如图 5-23 所示。

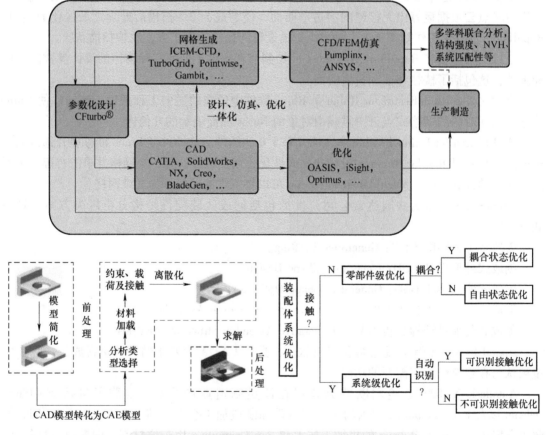

图 5-23　一体化策略举例-CFturbo 集成的 CAD/CAE

面对复杂工业产品，仿真在开发流程中会占据较大的影响权重，业界也提出过仿真驱动创新设计的概念，如图 5-24 所示。

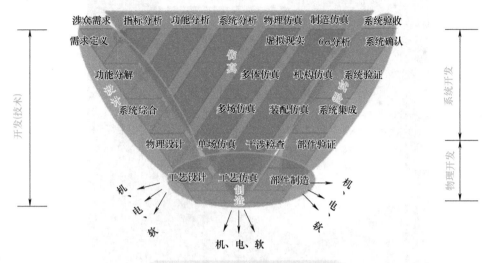

图 5-24 仿真驱动创新设计的概念

与此同时，诸如 Creo 和 SolidWorks 自带的 Simulate 和 Simulation 功能模块，这些功能模块对于基础的有限元问题的解决越来越成熟，并可以做模型参数化的全局灵敏度分析、序列二次规划来优化具体的参数。

5.7.1 DfAM 的方法

最优的结构形状和最优的产品性能的结合与平衡从来都是一件难度很大的事情，增材制造提高设计工作的自由度和创新速度，设计师也需要新的方法来突破思维的束缚才能更好地创新设计。

DfAM 围绕以下几个方面展开：①以更少的材料满足性能要求；②一体化结构的实现；③以更少的材料符合制造工艺的要求；④改进功能的设计；⑤优化材料类型的设计；⑥优化构建以减少支撑结构；⑦基于高效率、可追溯的工作流程。DfAM 所使用的软件类型中，设计软件要求具备参数化和可集成化的 CAD 软件集合，仿真软件要求具备结构、流体、动力学、拓扑优化、增材工艺仿真等分析功能，而制造软件具有基于增材制造的模型修复、工艺优化和质量控制等功能，软件功能如图 5-25 所示。

Rhino 具有建模灵活、简便，柔性强、曲面塑造能力强的优势，虽然在此书中重点演示这类 DfAM 工具，但是也要看到它的不足：

1）Rhino 已经具备了一些工程类的插件，但是和原装的 CAD 系统相比，还是有很大的差距。尤其是对于 CAD 和 ADAMS/ANSYS 之类的专业动力学分析和有限元分析系统的组合而言，完全占据劣势，甚至其功能弱于 Pro-Mechanica，只是作为工业设计的一个辅助工具来使用以检测设计的可制造性。

2）Rhino 建模柔性大的优势对于设计师而言是很大的便利，但面向制造不精准。因为面向制造必须要有完整的参照系才能定位，但是 Rhino 只有一个坐标系（WCS）提供绝对定

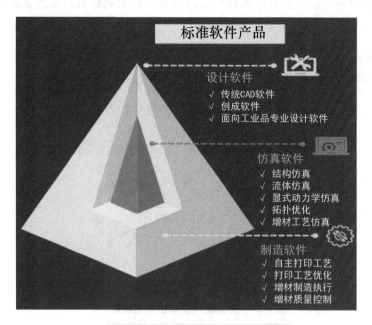

图 5-25　DfAM 所使用的软件功能

位，这在制造中是非常不方便的。

3）NURBS 曲面建模本身的局限性。NURBS 封闭曲面转换为实体是可行的，但是效果不如直接以实体方式构建的模型。如无法进行小弹性模量材料的动力学分析和有限元分析，无法模拟一块果冻掉在地上的动作，这些对于 ANSYS 来说是很容易处理的问题。

5.7.2　面向增材制造的仿真

设计与增材制造的研究对象往往具有系统的复杂性，需要使用仿真的方法来对系统进行研究。仿真模型可以对研究的问题进行直观的模拟，如果要在仿真运行过程中发挥筛选可行方案、求解问题最优解的作用，那么还需要在仿真过程中嵌入优化技术。值得注意的是建立仿真模型需要基于一定的力学规律基础（理论力学、结构力学、材料力学）。

目前结构计算方法一般分为：有限元（FEM）、离散元（DEM）、边界元（EEM）。

离散元方法是由分析离散单元的块间接触入手，找出其接触的本构关系，建立接触的物理力学模型并根据牛顿第二定律对非连续、离散的单元进行模拟仿真。而有限元方法是将介质复杂几何区域离散为具有简单几何形状的单元，通过单元集成、外载和约束条件的处理得到方程组，再求解该方程组，就可以得到该介质行为的近似表达。

离散元法是专门用来解决不连续介质问题的数值模拟方法。离散元法具体的求解过程分为显式解法和隐式解法，下面分别介绍其适用范围。

1. 显式解法

显式解法用于动力问题的求解或动态松弛法的静力求解。显式算法无须建立像有限元法那样的大型刚度矩阵，只需将单元的运动分别求出，计算比较简单，数据量较少，并且允许单元发生很大的平移和转动，可以用来求解一些含有复杂物理力学模型的非线性问题。时间积分采用中心差分法，由于条件收敛的限制使得计算步长不能太大，因而增加了计算时间。

2. 隐式解法

静态松弛法是用于求解静力问题的隐式解法。隐式解法的动态松弛法是直接找到块体失去平衡后达到再平衡的力位移关系，建立隐式方法解联立方程组，并通过迭代求解以完全消除块体的残余力和力矩。

有限元法将介质复杂几何区域离散为具有简单几何形状的单元，而单元内的材料性质和控制方程通过单元节点的未知量来进行表达，再通过单元集成、外载和约束条件的处理得到方程组，再求解该方程组就可以得到该介质行为的近似表达。可以用有限的、相互关联的单元模拟无限的复杂体，无论多么复杂的几何体都能使用相应的单元简化，从而建模分析计算出结果，使复杂的、感觉无处下手的工程问题简单化，这是最大的优点。有限元法采用矩阵形式表达，可编程性好。

小鹿手机支架的设计仿真一体化流程

（1）三维模型导出

将已有的三维模型导出为 ANSYS 软件可识别的数据格式，如图 5-26 所示。

```
SpaceClaim 文件 (*.scdoc)
ACIS (*.sat;*.sab;*.asat;*.asab)
AMF (*.amf)
ANSYS (*.agdb;*.pmdb;*.meshdat;*.mechdat;*.dsdb;*.cmdb;*.dbs)
ANSYS Electronics Database (*.def)
AutoCAD (*.dwg;*.dxf)
CATIA V4 (*.model;*.exp)
CATIA V5 (*.CATPart;*.CATProduct;*.cgr)
CATIA V6 (*.3dxml)
CREO 参数 (*.prt*;*.xpr*;*.asm*;*.xas*)
DesignSpark (*.rsdoc)
ECAD (*.idf;*.idb;*.emn)
Fluent 网格 (*.tgf;*.msh)
ICEM CFD (*.tin)
IGES (*.igs;*.iges)
Inventor (*.ipt;*.iam)
JT Open (*.jt)
NX (*.prt)
OBJ (*.obj)
```

```
OpenVDB (*.vdb)
OSDM (*.pkg;*.bdl;*.ses;*.sda;*.sdp;*.sdac;*.sdpc)
Other ECAD (*.anf;*.tgz;*.xml;*.cvg;*.gds;*.sf;*.strm)
Parasolid (*.x_t;*.xmt_txt;*.x_b;*.xmt_bin)
PDF (*.pdf)
PLM XML (*.plmxml;*.xml)
PLY (*.ply)
QIF (*.QIF)
Rhino (*.3dm)
SketchUp (*.skp)
Solid Edge (*.par;*.psm;*.asm)
SolidWorks (*.sldprt;*.sldasm)
SpaceClaim Template (*.scdot)
SpaceClaim 脚本 (*.scscript;*.py)
STEP (*.stp;*.step)
STL (*.stl)
VDA (*.vda)
VRML (*.wrl)
```

图 5-26　ANSYS 软件可识别的数据格式

（2）三维模型导入

启动 ANSYS SCDM 软件，通过"文件"→"打开"，定位到小鹿手机支架 .3dm 文件，接着打开文件，完成三维模型的导入，如图 5-27 所示。

（3）设置圆环的半径为设计参数

1）单击"群组"进入参数设置界面。

2）单击要进行优化的圆环线。

3）在群组设置界面单击右键，接着选择"创建脚本参数"。

4）双击修改"参数 1"为圆环，修改值为 13.85mm，如图 5-28 所示。

（4）进入 ANSYS 项目管理界面

依此单击菜单栏"Workbench"→"ANSYS 转换"→"2019R1"，进入 ANSYS 项目管理界面，如图 5-29 所示。

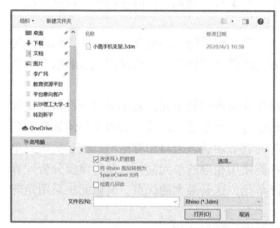
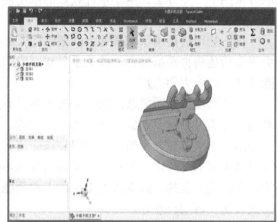

图 5-27　三维模型的导入

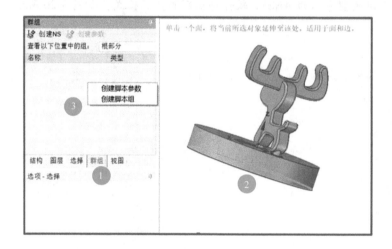

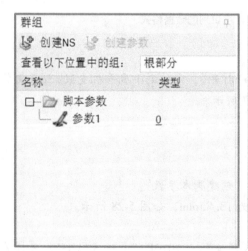
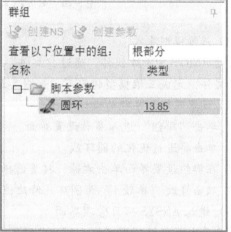

图 5-28　设置设计参数

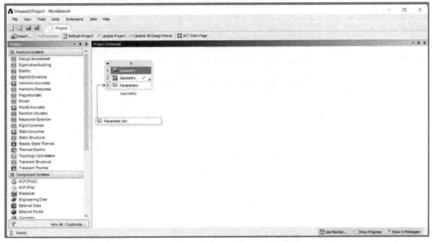

图 5-29　ANSYS 项目管理界面

（5）创建静力结构分析流程

拖拽 Static Structural 至 Geomtry 中，创建静力结构分析流程，如图 5-30 所示。

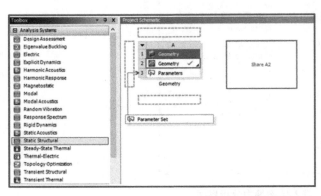

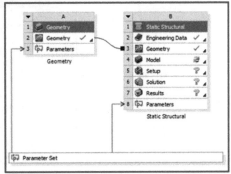

图 5-30　创建静力结构分析流程

（6）双击 Engineering Data 进入材料属性设置窗口

1）单击 Engineering Data Sources 进入材料数据库。

2）单击 General Materials 进入一般材料库。

3）选择 Aluminum Alloy，接着单击右侧 "+" 完成材料的添加。

4）单击 Engineering Data 关闭材料属性设置窗口，如图 5-31 所示。

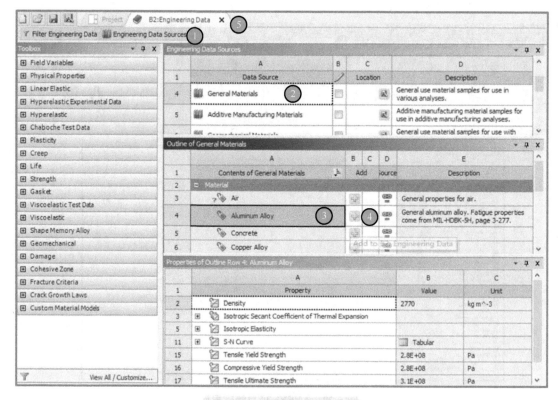

图 5-31　材料属性设置窗口

（7）双击项目管理界面 Model，进入结构静力分析界面（图 5-32）。

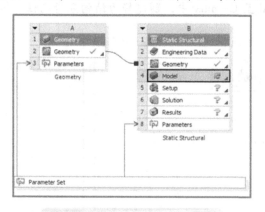

图 5-32　进入结构静力分析界面

　　创成式设计模型的生成往往是海量可选择的，因此调用 ANSYS 的时候，需要选取有限小数目的模型进行仿真优化。

5.7.3　面向增材制造的优化

　　优化是寻找所研究对象的最优解的技术方法，这里要注意的是量化必要的参数。传统优化技术首先建立问题的解析模型，然后利用某一方法进行优化，通常可以求得问题的最优解。但由于实际问题的复杂性和随机性，有时候很难用精确的数学公式和解析模型来描述问题。因此，需要多类型的分析算法。

常见的工程软件一般都内置或者通过插件加载多种常用优化算法，在这里针对常用的优化算法做一介绍：

1. 遗传基因算法

遗传基因算法（Genetic Algorithms，GA）是一种灵感源于达尔文自然进化理论的启发式搜索算法。该算法反映了自然选择的过程，即最适者被选定繁殖，并产生下一代。运算过程为初始化→个体评价→选择运算→交叉运算→变异运算→终止条件判断，运算过程如物竞天择、适者生存，只有被选择的个体才会把自己的基因传下去。

2. 模拟退火算法

模拟退火算法（Simulated Annealing，SA）是基于 Monte-Carlo 迭代求解策略的一种随机寻优算法，其出发点是基于物理中固体物质的退火过程与一般组合优化问题之间的相似性。模拟退火算法从某一较高初温出发，伴随温度参数的不断下降，结合概率突跳特性在解空间中随机寻找目标函数的全局最优解。模拟退火算法是一种通用的优化算法，理论上算法具有概率的全局优化性能，目前已在工程中得到了广泛应用，如生产调度、控制工程、机器学习、神经网络、信号处理等领域。

模拟退火算法是通过赋予搜索过程一种时变且最终趋于零的概率突跳性，从而可有效避免陷入局部极小并最终趋于全局最优的串行结构的优化算法。

在实际应用中，推荐先采用遗传算法进行优化筛选，再结合类模拟退火算法可以提高局部寻优的能力，采取分层优化的思想，提高运算效率。

3. 粒子群优化算法

粒子群优化算法（Particle Swarm Optimization，PSO）源于对鸟群捕食行为的研究，是从群体觅食的行为中得到的启示，如图 5-33 所示从而构建的一种优化模型。

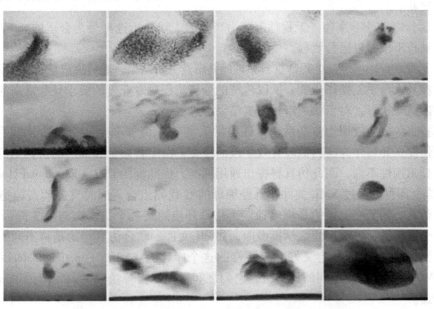

图 5-33 粒子群优化算法的灵感来自于鸟群捕食行为

在粒子群优化算法中，每个优化问题的解都是搜索空间中的一只鸟，称为"粒子"，而问题的最优解就对应为鸟群要寻找的"玉米地"。所有的粒子都具有一个位置向量（粒子在解空间的位置）和速度向量（决定下次飞行的方向和速度），并可以根据目标函数来计算当前所在位置的适应值（Fitness Value），可以将其理解为距离"玉米地"的距离。在每次的迭代中，种群中的粒子除了根据自身的"经验"（历史位置）进行学习以外，还可以根据种群中最优粒子的"经验"来学习，从而确定下一次迭代时需要如何调整和改变飞行的方向和速度。就这样逐步迭代，最终整个种群的粒子就会逐步趋于最优解。

理解优化的数学方法和其中蕴含的思想会更好、更灵活地运用到实践中，随着近年来技术的发展，模仿生物生存策略的生成式算法开始大放异彩，如霸王龙优化算法（Tyrannosaurus optimization，TROA），多目标水母搜索算法（Multi-Objective Jellyfish Search Algorithm，MOJS），鹈鹕优化算法（Pelican Optimization Algorithm，POA），预计逐渐会整合在工程软件工具之中。此外，编程语言也有专门的优化框架可以应用，如 Python 语言有着丰富的第三方库和框架，以及可简洁调用、目前非常有发展前景的 gpt 类型的人工智能应用（生成式预训练 Transformer 模型）。因此，从 Python 语言出发也非常适合生成式的通用化学习。

5.7.4 仿真优化的集成化和实时化

传统的仿真优化流程如下：

（1）创建或修改几何结构 工程师创建或修改设计的几何结构，在此步骤中，他们可以修改、简化或抽象化设计。

（2）定义载荷和边界条件 完成几何结构的调整后，工程师必须为仿真定义载荷和边界条件，例如，可以定义结构载荷和热约束。

（3）创建或更新网格 工程师或分析师定义网格参数并生成网格。随着自动网格划分器的发展，该步骤的难度在一定程度上得以降低，自动网格划分器可以根据几何结构的变化实现自动更新。

（4）选择或启动求解器 工程师需要为当前的工程分析选择最为合适的求解器，然后，工程师手动按下按钮以运行流程。

（5）查看并评估结果 工程师查看、询问并解读分析结果，然后决定是否再次运行分析。

因为涉及大量手工操作步骤，所以传统的分析流程对专业度的要求是非常高的，需要训练有素的团队来执行，对于快速审核仿真结果有难度。

仿真技术的成熟应用为复杂系统设计提供了贯穿 V 流程全生命周期的分析手段，由于分析方便快捷，并可作为实物试验有效手段的补充。由于各单位和部门的仿真工具不同，容易导致模型重用性不高，因此仿真界提出通用标准，如欧洲的 FMI（Functional Mockup Interface）标准，即可以通过 XML 文件和已经编译的 C 代码组合，同时支持动态模型的模型交换和联合仿真。模型交换指的是将单独一个仿真环境的某一个仿真实例生成符合 FMI 接口定义的一个可移植、可调用的数学模型库，如 dll 文件。联合仿真指的是将不同的仿真环境的输入输出按照 FMI 标准定义好，定义好的这个库称为 FMU（Functional Mock-up Unit），不同的 FMU 一般运行在不同的计算机，它们之间通过终极算法（Master Algorithm）进行数据参数传递。

一般商业化的仿真工具如 CarSim、CarMaker 和 Simulink 等都由官方提供 FMU。在 FMI

官网上列出了目前提供了 FMU 的软件。

目前很多业内软件也具有实时仿真功能，前面所述的两个步骤（创建或修改几何结构、定义载荷和边界条件）在实时仿真流程中合并成一个步骤。工程师或分析师可以改变设计参数并设置仿真输入，实际上，用户能够在开发几何结构的同时，定义设计的运行环境。在用户输入以上信息后，接下来的两个步骤（创建或更新网格、选择或启动求解器）可以自动触发，接着将初步结果以不断提高的精度，迭代呈现给用户。因为整个流程可以自动运行，并能灵活适应设计或仿真输入的任何变更，因此，无须过多的操作或者对模型进行网格剖分。

实时是一个同步的概念，通常使用时钟中断控制耦合计算的运行情况和对硬件设备的访问情况，表现效果简单快速。由于实时仿真领域其技术处于日新月异的突破阶段，读者可以熟悉多元软件进行尝试，可以在初步分析和初期设计采用此类方法，必要时再开展专业的详细仿真优化，从而改善自己工作的效率。如有限元实时仿真的 ANSYS Discovery Live 提供即时仿真，不需要去过分理解数值模拟的模型和边界设定，并能紧密耦合到直接几何建模中，从而支持交互式设计探索和快速产品创新；而用模态振型叠加法进行柔性多体仿真，在振型阶次和频率不高的前提下，可以实现实时仿真，利用三维多体类仿真软件或者自编代码（Simulink 或 Octave 这类开源的科学计算及数值分析工具）。如果是包含机电液多体等多学科的机电设备，一般 ODE/DAE 仿真软件都可以，其中的柔性体参照上文处理，或用经典理想柔性体的弹性方程处理。相关的软件包括但不限 Simulink、Octave、基于 Modelica 系列软件、AMESim 等。

5.7.5　设计结果的选择方法

1. 设计结果的主观选择法

设计方案完成后，需要组织方案筛选。部分企业采用主管评审机制，即由具有丰富产品开发经验的企业高层人员根据市场发展趋势、产品经济属性等选择适合的方案。这种方式的效果取决于高管的综合能力水平和判断力，由于此类决策方式出现差错的机率较大，因此，近年来已经逐渐让位于集体选择。集体选择常用方法如下：

（1）排列法　排列法也称排序法或简单排列法，是绩效考评中比较简单易行的一种综合比较的方法。这种方法的优点是简单易行，花费时间少，能使考评者在预定的范围内组织考评并将结果进行排序，从而减少考评结果过宽和趋中误差。

（2）选择排列法　选择排列法也称交替排列法，是简单排列法的进一步推广。选择排列法是较有效的一种排列方法，采用该方法时，不仅上级可以直接完成排序工作，还可将其扩展到自我排序、同级排序和下级排序等其他考评的方式之中。

（3）成对比较法　成对比较法也称配对比较法或两两比较法等。应用成对比较法时，能够发现每个结果在哪些方面存在明显的不足和差距，在涉及的范围不大、数目不多的情况下宜采用本方法。

（4）强制分布法　强制分布法也称正态分布强迫分配法或硬性分布法。该方法是根据正态分布原理，即俗称的"中间大、两头小"的分布规律，预先确定方案的评价等级以及各等级在总数中所占的百分比，然后按照产品的优劣程度将其列入其中某一等级。

（5）数学规划法　多目标数学优化规划，根据常规数学规划和运筹学内容来优化设计方案，如图 5-34 所示。非劣最优解也称为 Pareto 最优解，所有的解成为 Pareto 解集，解集对应的函数值是 Pareto 前端。

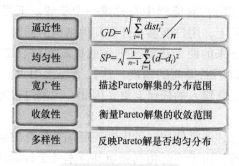

逼近性	$GD = \sqrt{\sum_{i=1}^{n} dist_i^2} \Big/ n$
均匀性	$SP = \sqrt{\dfrac{1}{n-1}\sum_{i=1}^{n}(\bar{d}-d_i)^2}$
宽广性	描述Pareto解集的分布范围
收敛性	衡量Pareto解集的收敛范围
多样性	反映Pareto解是否均匀分布

图 5-34　数学规划法

2. 主观与客观的组合选择法

大多数企业采用的是主观与客观相结合的方法对方案进行评审，其基本流程是：产品设计方案完成后，由开发部发起选型会议，其他部门，如品质部、采购部、市场部、生产部、模具部等共同参与（也可邀请领先用户参与），各部门根据所掌握资料，从专业角度对方案进行打分，各部门分值权重由产品开发专家确定，最后根据分值，选择最佳方案。这种方法效率与准确率都较高，因而被广泛应用。

 习　题

1）关于仿生结构的常用算法都有哪些？在工作中都有哪些应用？
2）计算机辅助软件都有哪些常用软件，试述其优缺点。
3）设计、仿真、优化一体化的概念的提出经历了一个历史的过程，请查阅相关资料简述设计、仿真、优化三个方面的历史进程以及相关国际标准。

6

第 6 章　创成式正向设计软件工具的使用

正向设计流程的落地实施需要两大关键要素，一是具体行业领域的知识体系，另一个是多工具的协同使用方法。做优秀的设计需要综合以往学习的所有知识和对具体领域的极高的热情，这样才可以创造出好的灵感和成果。工欲善其事，必先利其器，在这一章节会将Rhino 及其插件 Grasshopper（GH）作为主要工具，阐述如何使用软件工具来具体实现创成式正向设计。由于篇幅有限，对于软件工具使用层面仅做了入门基本介绍，有兴趣者请另行找专业学习书籍以作进阶学习。

6.1　Rhino 操作与文件处理

6.1.1　点线面基本操作

1. 操作界面

Rhino 的操作界面如图 6-1 所示，我们将学习使用 Rhino 的界面组件：Rhino 工作视窗、菜单栏、命令栏、工具栏和对话框。在 Rhino 里，可以使用许多方式来执行同一个指令，在本课程中以菜单为主。通过菜单实现平移、旋转、缩放、设定标准视图、设定工作平面、设定摄影机及目标点的位置、选择着色选项、设定工作平面网格线及其他作业视窗属性。

2. 线框模式

在工作视窗的线框模式中，曲面看起来像是许多交叉的曲线，这些曲线称为结构曲线或结构线。结构线只是视觉上的辅助作用，并无法像网格一样定义曲面。WireframeViewport 指令［Ctrl+Alt+S］可以将工作视窗以线框模式显示，如图 6-2 所示。

3. 着色模式

着色模式中的曲面及实体以它们所在图层的颜色、物体的颜色或自己制订的颜色显示，可以在各种着色模式工作视窗中操作，曲面也可以显示为透明或不透明状态。ShadedViewport 指令［Crtl+Alt+R］可以将工作视窗以着色模式显示，如图 6-3 所示。

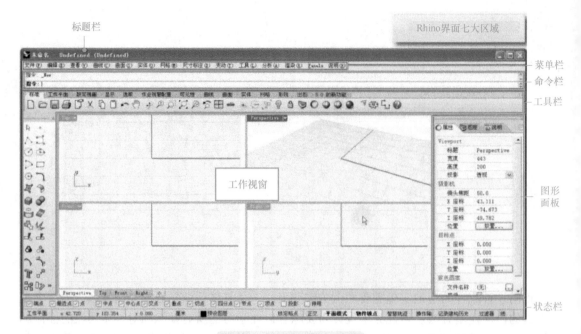

图 6-1　Rhino 的操作界面

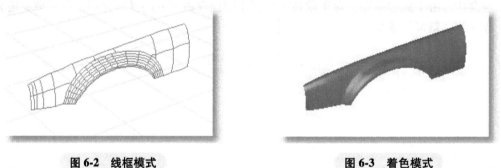

图 6-2　线框模式 　　　　　　　　　图 6-3　着色模式

4. 渲染模式

渲染模式中工作视窗可以使用灯光照明及指派给物体的渲染材质以显示物体，如图 6-4 所示。

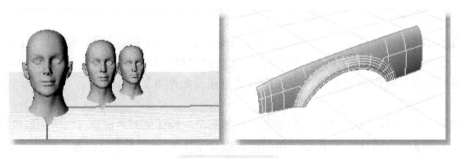

图 6-4　渲染模式

RenderedViewport 指令<Ctrl+Alt+G>可以将工作视窗以渲染模式显示，其他显示模式及设定在 Rhino 的说明文件里有更详细的说明。

5. 工作视窗的投影

工作视窗有两种投影模式：平行与透视。鼠标右键在两种投影模式的工作视窗中的操作方式不同。在平行工作视窗中，以鼠标右键拖曳会将视图平移。另外透视（Pespective）视窗的平移需要额外加<Shift>键。在透视工作视窗中，以鼠标右键拖曳会将视图旋转。标准的四个工作视窗配置有三个平行工作视窗与一个透视工作视窗，如图 6-5 所示。

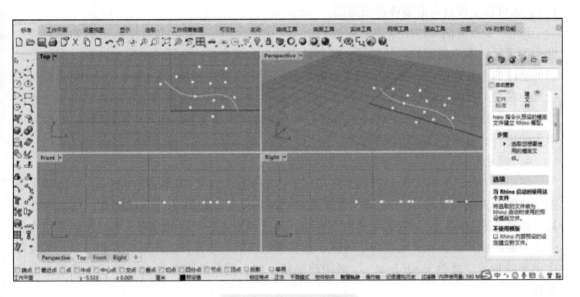

图 6-5　工作视窗的投影

1）平行视图在其他程序里也称为正交视图。平行视图的工作平面网格线相互平行，相同的物体不论位置远近看起来大小都一样的。

2）透视视图的工作平面网格线朝向远方的消失点汇集形成纵深感。在透视投影的视图中，越远的物体看起来越小。

6. Rhino 几何图形的类型

Rhino 的几何图形类型包括：点、Nurbs 曲线、多重曲线、曲面、多重曲面、实体（封闭的曲面）及网格。包含封闭空间（有体积）的曲面或多重曲面又称实体。Rhino 也可以建立用于渲染、曲面分析及可导出至其他程序的网格。

1）点。

点是三维空间中的一个坐标标记，它是 Rhino 里最简单的物体形式，但是在参数化编程中特别重要，因为复杂几何体往往先转换为点的集合，再转换为另外的集合体。可以理解为点是几何体转换的交通枢纽，在 Rhino 中点物体可以放置于三维空间中的任何位置，也被用于几何体的定位。

2）曲线。

Rhino 的曲线就像是一条可以拉直或弯曲的铁丝，可以是开放的或封闭的。多重曲线是由数条曲线以端点对端点的方式组合在一起的曲线。Rhino 有许多建立曲线的工具，可以建立直线、由数条直线组成的多重直线、圆弧、圆、多边形、椭圆、弹簧线及螺旋线。可以使用数个点作为曲线的控制点建立曲线或建立可以通过数个点的曲线。在 Rhino 里，直线、圆弧、圆、自由造型曲线及以这些曲线组合建立的多重曲线都可以称为曲线。曲线可以是开放的或封闭的，也可以是平面的或非平面的。

3）曲面。

曲面就像是一张有弹性的矩形薄橡皮，Nurbs 曲面可以呈现简单的造型（平面及圆柱体），也可以呈现自由造型或雕塑曲面。

Rhino 里所有曲面的指令建立的都是 Nurbs 曲面。Rhino 有许多可以从现有的曲线建立曲面的工具。不论曲面的形状如何，所有的 Nurbs 曲面都有一个原始的矩形结构。即使是封闭的圆柱曲面，也是由一个矩形的曲面卷起来、使两个对边相接所形成的。两个对边相接后会成为曲面的接缝。如果看到一个曲面没有矩形结构，它必定是修剪过的曲面或曲面边缘的控制点汇集成一点。另外，Rhino 还内置有 SubD 细分曲面类型，对于形体编辑的效果有了极大的提升，有点像捏橡皮泥的效果。

4）网格。

网格与 Nurbs 曲面不同，有利于直接用于增材制造，还可以改变拓扑关系。一般情况下网格数据会占用大量的 CPU 资源，过于复杂的网格会要求极高的计算机配置，低配置的计算机容易造成卡顿。但是有效结合曲面取点、通过点生成新网格的策略，有时候绕开了直接多重曲面的计算量，有效地加快了速度。如将缩放前后的非常多的矩形合并到一起，提取每个矩形的顶点，通过 mesh from pts 来构建网格，然后用新的网格做偏移要比直接矩形偏移要快。

5）公差。

公差本质上就是精度，需要注意的是物体不能百分之百精准的，有的只是允许一定范围内的误差。而 Rhino 中绝对公差的概念，可以理解为两个物体的间距在多少以内可以被视为足够接近以组合或扫描等，同时是当前文件下可绘制的最短长度。

软件中的点、向量、平面、曲线、曲面、网格均通过方程式计算得到，计算结果是一个多位小数的近似值。如两个点之间的距离经过软件计算是"45.323 225 34"，而实际需求结果只需要保留小数点后两位数字即可，则精度值就设定为小数点后两位数字，这个精度值就是人为设定的公差，一般设为 0.01mm 或者 0.001mm。

GH（Grasshopper 是一款应用在 Rhino 软件上的插件）所用的公差，单位设定跟随当前 Rhino 的设定，如果在 Rhino 中设置的单位是 m，那么在 GH 中所有参数的单位则为 m。如果在操作过程中，Rhino 中的单位改为 mm，那么长度不变的条件是所有数据乘以 1000，这个是在更改模型单位时需要注意的地方。软件的【工具→选项→单位】设置中可以调整公差和单位。角度公差决定了 Rhino 两条曲线或曲面之间有多少角度公差可以认为是正切，设置为 1 时，就是当正切角度小于 1°就当作正切，很明显设得小一点比较好。公差设定过小会影响到计算的效率，表现出卡顿的特征，所以要酌情设置公差大小。

Rhino 构建曲面的多种方法和适用范围如图 6-6 所示。

方法1: SrfPt方式

指定曲面的三个或四个角建立曲面。指定点时
跨越到其他作业视窗或使用垂直方式可以建立
非平面的曲面。具体操作如下图所示

方法2: 3DFace方式

建立一个单一3D网格面，
具体操作如下图所示

方法3: EdgeSrf方式

以两条、三条或四条曲线建立曲面。
具体操作如下图所示

方法4: PlanarSrf方式

以平面曲线为边界建立平面。
具体操作如下图所示

方法5: PlaneThroughPt方式

建立一个逼近一群点或一个点云的平面。
具体操作如下图所示

图 6-6 Rhino 构建曲面的多种方法和适用范围

由于篇幅所限，这里不展开更多的软件操作和快捷键介绍。读者可以在软件界面按<F1>
键打开 Rhino 官方的帮助文档集中学习，如图 6-7 所示。

图 6-7 官方帮助文档

6.1.2 文件格式

增材制造的模型格式有 STL、OBJ、AMF、3MF。

目前不论哪种增材制造工艺，基本都是用的 STL 格式的文件，其实就是用三角形面片（也就是多边形的一种）表示实体的一种文件格式，现在已经成为图像处理领域的默认工业标准。STL 文件不同于其他一些基于特征的实体模型，STL 用三角形网格来表现三维 CAD 模型，只能描述三维物体的几何信息，不支持颜色、材质等信息。值得注意的是，其他的曲面格式，Nurbs 或者 subD 格式都需要转化为 STL 格式再进行 3D 打印。

目前 STL 格式的文件占主流。由于 Rhino 软件的文件格式是 3DM，并不是增材制造的文件格式，需要转化操作，文件格式的选择如图 6-8 所示。

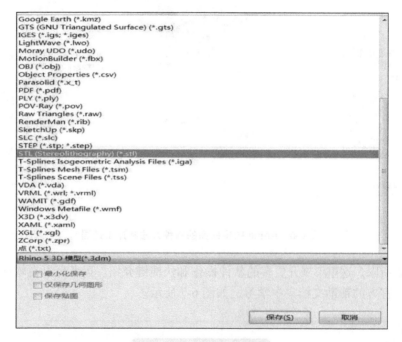

图 6-8 文件格式的选择

然后选择着色设置：显示模式 D=着色模式，显示曲线 R=否，显示框线 A=否，显示格线 W=否，显示轴线 X=否，已加入 1 个网络至选取集合。

导出 STL 格式时，需要设置公差，也就是精度，如图 6-9 所示。不同的材料，设置导出公差不同，如图 6-10 所示。

图 6-9 导出公差设置

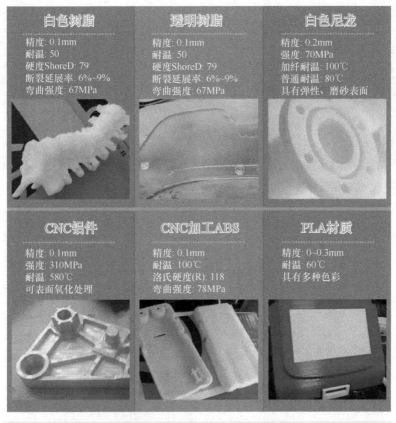

图6-10　不同的材料设置导出公差不同（公差可以更小，不能比标准更大）

增材制造不能直接打印面片，必须是有厚度的实体模型，厚度一般不低于0.5mm，每种材料都不一样，可根据需要自行加厚（图6-11）。Rhino中常用的增加厚度的工具有薄壳、偏移曲面。所有的单一面都要组合成实体，注意使用组合功能。

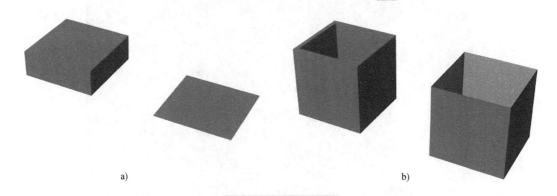

a)　　　　　　　　　　　　　　　　　　b)

图6-11　面片与实体

模型的缝隙不能大于公差，如图6-12所示。活动部件要预留余量，如图6-13所示。用边缘工具检查模型的外露边缘，在"外露边缘"选项选择时，所有显示颜色的边缘都是破面，修复至无颜色即可，如图6-14和图6-15所示。

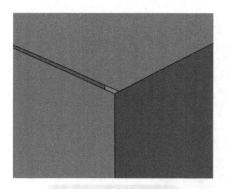

图 6-12 注意模型缝隙

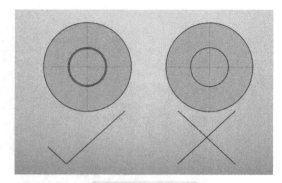

图 6-13 预留余量

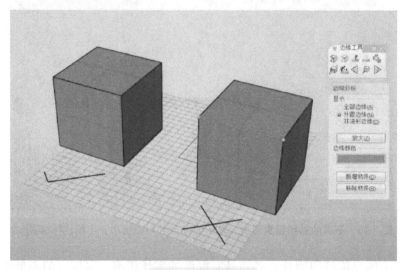

图 6-14 边缘工具

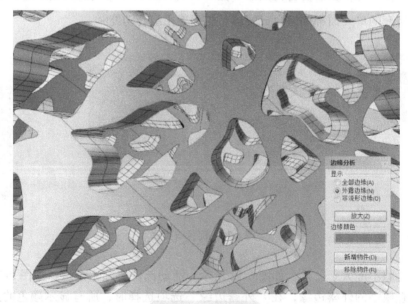

图 6-15 边缘分析

6.1.3　建模基础

建模基础思想往往是建立在头脑中已经有通过基本图形（三角形、扇形、圆形等）形成较复杂成品的思路，然后利用拉伸、旋转、扫掠、放样等基本操作实现建模。

拉伸闭合的二维图形可以创建实体或者非闭合二维图像形成三维曲面；在拉伸的基础上加上复杂的二维或者三维的路径来控制操作就是扫掠，扫掠可以同时操作多个对象；如果不存在路径而存在多个横截面来生成三维实体或者三维曲面就是放样，放样的设置还包括了直纹—平滑—法线方向设置拔模斜度（即脱模斜度，是为了方便出模而在模膛两侧设计的斜度）；旋转按照自定义的轴来旋转对象生成实体或曲面。

下面以一个扇叶建模的实例来练习基本操作。

1）Rhino 扇叶建模方法一：通过双轨扫掠命令制作扇叶。

第一部分：绘制曲线

第一步：绘制轮廓边线。通过"控制点曲线"命令绘制出中心部分圆和扇叶的一侧轮廓边线，如图 6-16 所示。

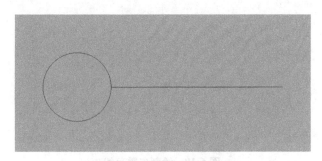

图 6-16　绘制圆和轮廓边线

第二步：复制边线。利用"2D 旋转"命令旋转复制出另一条边线，这里旋转角度为 30°，如图 6-17 所示。

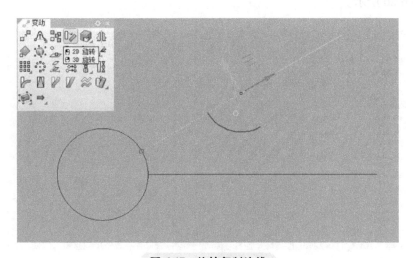

图 6-17　旋转复制边线

第三步：制作扇叶高度。调整复制出的曲线的高度，做出扇叶的高度，如图 6-18 所示。

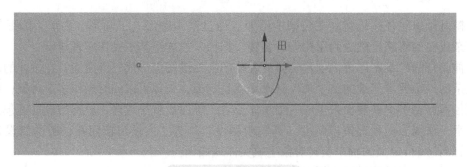

图 6-18 做出扇叶高度

第四步：通过"多重直线"命令连接两条边线，如图 6-19 所示。

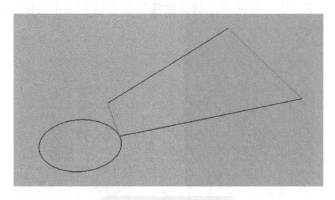

图 6-19 绘制多重直线

第二部分：由曲线成面

第一步：扫掠成面。通过"双轨扫掠"命令，以长线为路径，以短线为截面线，扫掠成面，如图 6-20 所示。

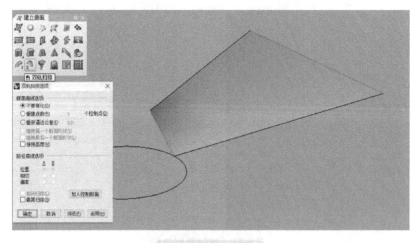

图 6-20 扫掠成面

第二步：曲面加厚处理。通过"偏移曲面"命令来加厚曲面，如图 6-21 所示。

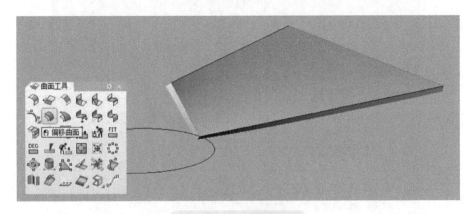

图 6-21　偏移加厚曲面

第三部分：整体调整

第一步：补全扇叶。利用"环形阵列"命令补齐其他扇叶，如图 6-22 所示。

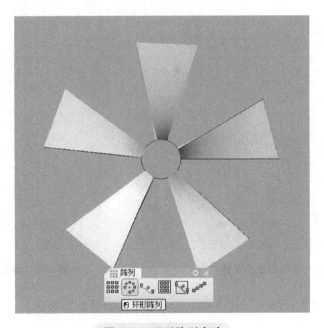

图 6-22　环形阵列扇叶

第二步：利用"直线挤出"命令完成中间圆柱造型，并调整与扇叶的整体位置，如图 6-23 所示。

第三步：利用"不等距边缘圆角"命令处理多重曲面边缘后，即可得到如下扇面效果，如图 6-24 所示。

2）Rhino 扇叶建模方法二：通过旋转命令制作扇叶。

第一步：绘制曲线。

利用"控制点曲线"命令确定扇叶形状曲线，如图 6-25 所示。

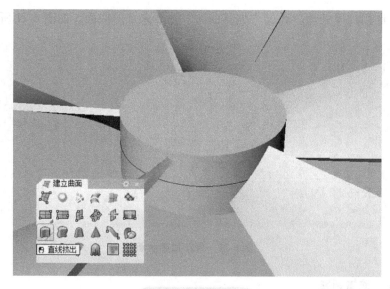

图 6-23　直线挤出

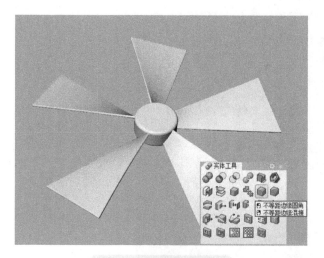

图 6-24　不等距边缘圆角

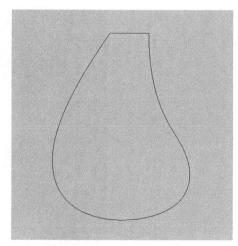

图 6-25　绘制扇叶形状曲线

第二步：利用"直线挤出"命令挤出扇叶厚度，如图 6-26 所示。

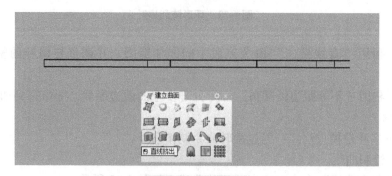

图 6-26　直线挤出

第三步：利用"扭转"命令调整出扇叶的弯曲造型，并微调扇叶位置，如图 6-27 所示。

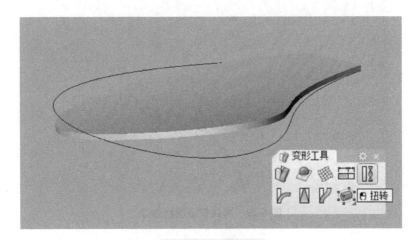

图 6-27　扭转造型

第四步：利用"环形阵列"命令阵列出剩余扇叶，如图 6-28 所示。

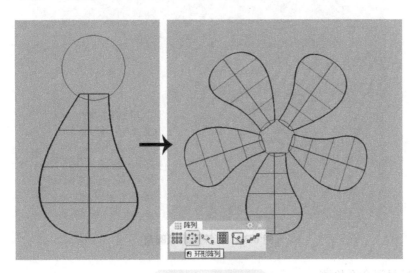

图 6-28　环形阵列

第五步：利用"直线挤出"命令完成中间圆柱造型，如图 6-29 所示。

第六步：利用"不等距边缘圆角"命令处理多重曲面边缘圆角，即可得到如图 6-30 所示效果。

6.1.4　实体模型检测

建模过程最有可能出现的问题就是模型不是实体的，所谓不是实体，就是由片、面构成而不是由有厚度的体来构成的，这也会导致网格不完整、交叉面、重叠面、法线混乱等一系列问题。

图 6-29　直线挤出圆柱造型

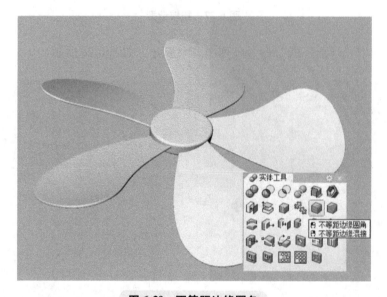

图 6-30　不等距边缘圆角

下面通过封闭命令检测：

1）打开模型，框选需要检测的部分，并使用分析命令中的边缘工具检测，如图 6-31 所示。

2）检测外露边缘，如图 6-32 所示，如果发现这个模型有部分没有合并，会出现边缘颜色，只需要进行合并，即可完成封闭状态，这样模型就可以进行增材制造。这个合并成立的前提是建模的时候是使用体来建模

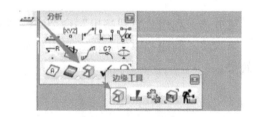

图 6-31　边缘工具检测

的，如果建模时是用面来建模，那么还是不能进行增材制造。

图 6-32　检测外露边缘

6.1.5　导入 SolidWorks 资源

　　Rhino 支持导入 SolidWorks/NX/Creo/CATIA 等三维设计软件的标准零件库，这样可以极大地提高效率。对于工业设计，Rhino 利于前期方案的造型，SolidWorks/Creo 利于结构深化。

　　SolidWorks/Rhino 等软件均有二次开发的 API 和手册可供学生仔细学习和研究，支持使用多种语言 Python/.NET/C++的二次开发，也可以制做出用以对外销售的实用插件，如图 6-33 和图 6-34 所示。

图 6-33　SolidWorks 软件界面

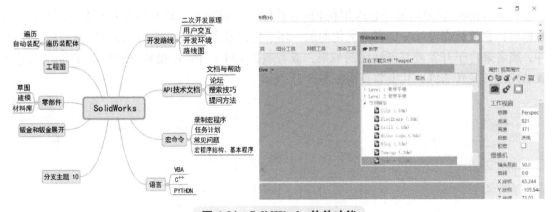

图 6-34　SolidWorks 软件功能

6.1.6　导入 Creo 资源

　　Creo 是 Pro/E 系列产品的升级版，专为产品设计与开发的 3D CAD/CAM/CAE 解决方案，在 Creo7.0 的版本中将计算流体动力学（Ansys 的 CFD 模块）引入 Creo Simulation Live 中，可为用户提供直接集成在 Creo 环境中的实时 CFD 仿真功能。在 Creo7.0 及以上的版本中，有了两类创成式工具——Creo 创成式拓扑优化 Creo Generative Topology Optimization（GTO）和创成式设计扩展包 Generative Design Extension（GDX）。GDX 是基于云计算的扩展，在大数据模型规模、更强的算力和多学科深度方面均强化了创成式拓扑优化的功能，针对特定材料和制造设计流程还可以进行定制。

在增材制造和 CAM 方面，Creo7.0 可以根据 Delaunay 算法给 3D 打印模型添加晶格等。Delaunay 即三角剖分生成晶格的方法，对于任意给定的平面点集，只存在着唯一的一种三角剖分方法，满足所谓的"最大—最小角"优化准则，即所有最小内角之和最大，这就是 Delaunay 三角剖分。这种剖分方法遵循"最小角最大"和"空外接圆"准则。其所集成的 Proesimulate 模块与 Pro/E 中集成的 Mechanica 模块类似，都能进行静态动态分析、模态分析以及优化设计研究等。

Creo 支持导入外部 3D 模型，可以定义材料、定义约束条件、定义载荷、静态分析。Creo 可以自动将之前所定义的约束与载荷自动匹配到对话框中的载荷与约束集栏内，根据分析要求，可以自行设置网格大小等操作，通过计算应力与位移云图，显示最大应力值和最大位移量，在承受最大极限载荷的情况下，云图加红区域是承载应力最大的区域，也是需要警惕的危险区域。可以对设定的多个参数做灵敏度分析，定量地评价模型参数误差对模型结果产生的影响。灵敏度分析包括局部灵敏度分析和全局灵敏度分析，局部灵敏度分析只检验单个参数的变化对模型结果的影响程度；全局灵敏度分析则检验多个参数的变化对模型运行结果总的影响，并分析每个参数及其参数之间相互作用对模型结果的影响，可以通过设定优化目标、约束条件以及参数区间，在所需的区间内利用序列二次规划优化算法对机构模型进行结构优化设计，建立数学模型，通过计算最终得到优化结果、参数关系表、优化的应力云图等。

6.2 GH 工具组件用法

Grasshopper（GH）是一款应用在 Rhino 软件上的插件，从 Rhino 或者其他建模软件获得数据后，它擅长在设计—仿真—优化的每一环节使用数学模型，基于已经内置的丰富模型插件，或者来自于开发爱好者社区的成果，或者通过 Rhino Script/微软 VB/Python 等语言配合数学建模开发新插件，其安装页面如图 6-35 所示。

a)   b)

图 6-35　进入安装页面

1. 下载与安装

如果使用的是 Rhino 4 或者 5 的版本，可以到 Grasshopper 官方网站上免费下载。在浏览器地址栏中输入网址"http://grasshopper. Rhino3d. com"，打开 GH 主页进行下载。在 Rhino 6 及以上版本里面已经不需单独安装，内置有了 GH 组件。

如果需要 Grasshopper 的更多丰富插件（GHA 文件格式），可以在下载后，直接放在 Rhino 安装文件夹 Rhino\PlNX-ins\Grasshopper\Components 下，一定要注意插件和 GH 版本的兼容问题。有时候会遇到插件找不到的情况，要单击右键→"属性"→"解除锁定"来查找，操作页面如图 6-36 所示。

另一种安装方法是在 Rhino 命令栏输入"Grasshop-perFolders"，然后选择组件，执行后会弹出资源管理器路径，将文件解压缩、拷贝到这个目录下重启 Rhino 就会出现加载选项。

2. 逻辑建模

Grasshopper 是一个开放式图形化编程平台，支持 Python、C#和 VB 语言的编程来做个性化的拓展，向计算机下达更高级复杂的逻辑建模指令。

要学好 GH 就需要良好的几何学和代数知识，用空间几何来思考设计问题，具备一定的编程思维和锻炼图形式编程的逻辑思维能力。如 GH 里经典的矢量、法线、曲线，就是高中数学的基础知识，矢量是既具有大小又具有方向的量，将点转化为矢量可以对模型进行几何操

图 6-36　插件解除锁定操作

作。在 Rhino 中制作模型，如绘制曲线，拉伸控制点、移动、阵列、对齐、扫掠、挤出、镜像、修补等手工建模都是在反复地做定义距离和方向的工作。而在以程序建模（参数化建模）的软件中，这个工作会在一定程度简化输入数据，以程序自动计算的方式来完成，以替代传统的手工方式，并且在其中预设参数，方便后面生成众多方案，在 Grasshopper 或者其他的参数化建模的软件中用来完成这个工作的工具就是矢量。

3. 基本操作

在 Rhino 中输入命令 Grasshopper 就可以加载 GH 插件，GH 界面有基本操作菜单、插件菜单与运算器集合。

1）数据连线操作。做一个最简单的加法运算，找到拖入的工作空间，再找到 Input 里两个数据控制杆，如图 6-37 所示。

2）数据显示。可以用 Input 里面的显示面板工具进行显示，如图 6-38 所示。

3）分别拖动两个控制杆，可以生成相应的结果。

4. WeaveBird

WeaveBird 是 Grasshopper 的强大网格编辑插件，在细分网格、柔化物体、镂空、加厚网格等功能上操作快捷方便，还提供了多种多面体空间造型，非常容易学习，如图 6-39 所示。

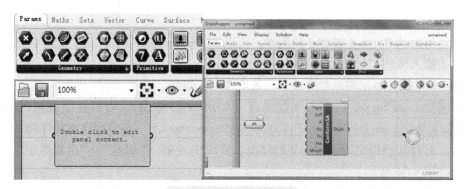

图 6-37　数据连线操作

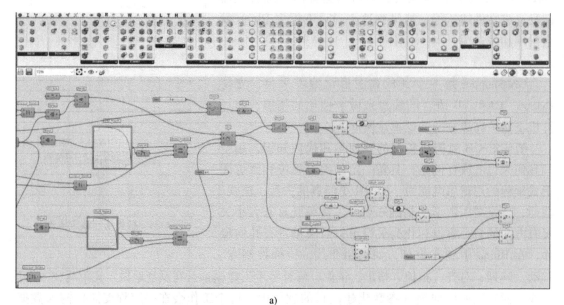

a)

b)

图 6-38　面板工具

图 6-39　WeaveBird

5. Lunchbox

可以生成很多热门模型和问题解决方案, 如莫比乌斯、克莱因曲面、正十二面体、正二十面体。

6.2.1 数据和对象重要操作

1. 几何体分类

GH 上的数据类型从几何学上分类，大致可归结为四类：点（Point）、曲线（Curve）、曲面（Curve Surface）和多重曲面（Surface&Brep）以及网格（Mesh）。每一类几何体（Geometry）都可以与几项基本几何体的数据类型相互兼容或转化，如图 6-40 所示。

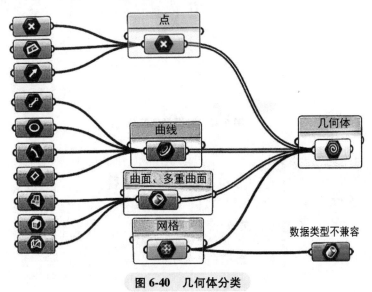

图 6-40 几何体分类

训练几何体转化时要注意一定的条件和数据类型兼容性，如曲线与二维平面曲线转换为平面；细分曲面（Isotrim）运算器的输入端 S 仅支持曲面类型，对于模型等多重曲面类型会报错。

2. 数据类型（Data）

几何体只是数据的一种。数据还包括布尔值（Boolean）、字符串（String）、数字（Number）、区间（Domain）、路径（Path）等类型。如图 6-41～图 6-43 所示。

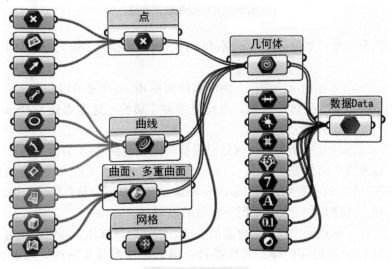

图 6-41 数据类型

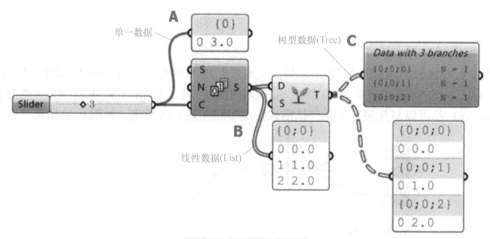

图 6-42　数据类型区分

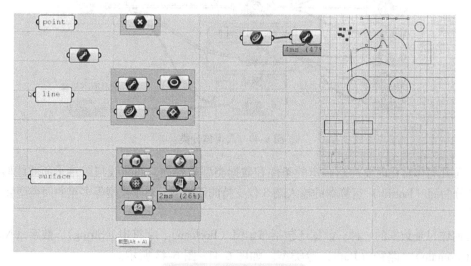

图 6-43　点线面数据类型

数据类型区分：单一数据、线性数据（List）、树型数据（Tree），所有的数据类型就是这三种。

（1）数字区间与曲线曲面的转化　曲线和曲面在 Rhino 中是可以和数学中的区间相对应转化的，即由数字定义几何体的思想，点也是纯数字属性。这里用到了 Domain 和 Domain^2 这两个运算器，如图 6-44 所示。

（2）数据的归一思想　所谓归一就是把数据范围映射到 0~1 的范围内，数据可以来自于数列，也可以来自于向量等。另外，当对一个曲线曲面类型的输入端或者输出端单击右键时，弹出菜单有一个二次参数化选项 Reparameterize，选中就可以将曲线或曲面转化为 0~1 之间的曲线或曲面，这样有利于复杂情况下参数的控制。

（3）点云 FIT　从点云中找到最合适的平面、圆、线段球体、球体以及边界立方体，把不规则的点云转化为规则几何体。三维点云数据处理技术是单独的一门课程，在此不做赘述。

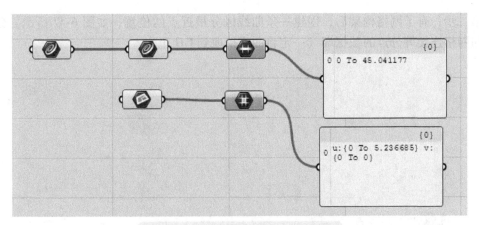

图 6-44　数字区间与曲线曲面的转化

（4）数据干扰　数据干扰包括点、线、面、体等的干扰，其实质均为利用点到几何体的距离作为干扰数据，按照意图去创造一个有规律或者随机的数列。数据干扰类型如图 6-45 所示。

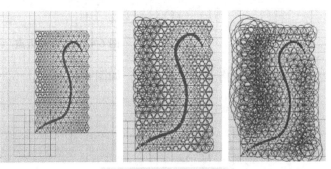

图 6-45　数据干扰类型

第一步：创建一个网格，生成表皮的基础原型，在正方形格子右上边有一个菱形网格，如图 6-46 所示。

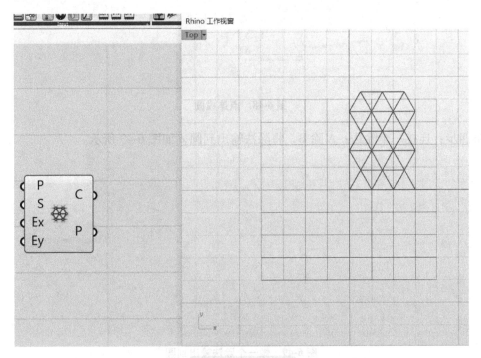

图 6-46　网格构架

第二步：有了网格构架后，创建一条曲线区分最近点的位置，如图 6-47 所示。分别用曲线和网格连接等分点的数据端（一定将曲线拾取到 GH 里）。

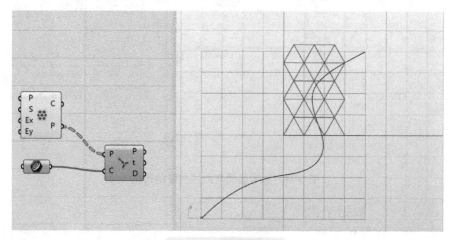

图 6-47　创建最近点

第三步：用网格上的点连成圆，如图 6-48 所示。

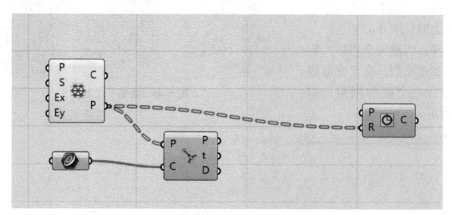

图 6-48　点连成圆

第四步：连接一个除法：A 除 B，将除法输出到圆，如图 6-49 所示。

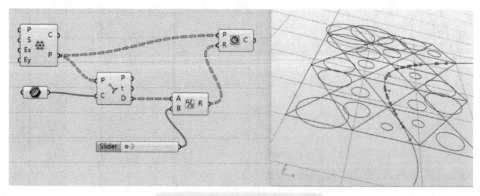

图 6-49　做一个除法输出到圆

第五步：在除法接收端给一个数值，可以查看它们的数据类型还是比较简单的，接收数据端如图 6-50 所示，数据推移如图 6-51 所示。

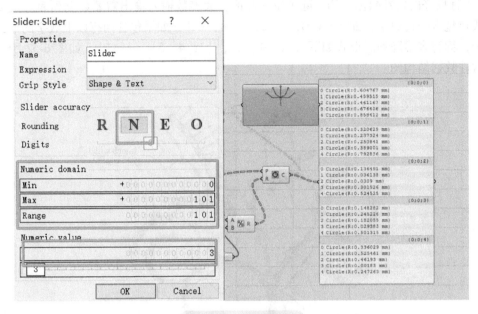

图 6-50　接收数据端

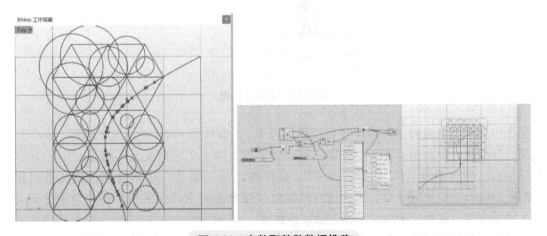

图 6-51　小数取整数数据推移

6.2.2　数据树

GH 中的数字有整数运算器和小数运算器，可以和数学中的区间相对应转化，也就是数字定义几何体的思想。这里的单位是毫米，这个适合建模一些细小的物体，例如常见的工业产品；中等物体的建模，例如汽车级别的用厘米（cm）；建筑物的建模一般用米（m），Rhino 默认是毫米（mm），可以在主程序界面的"工具"→"选项"→"文件属性"→"单位"→"单位和公差"里修改模型单位。

前面使用几何部件、数字和一些滑块运算器进行模型的构建，辅以 Series 和 Range 这样的运算器，可以控制多个对象。要完成更复杂任务，需要深入到数据处理程序中。

GH 有良好的内部数据结构，除了单一数值，大多数输入输出需要数据列表。最简单数据形式是包含一行数字，如 Array{0，1，2，3，4，…}，如果包含两行以上数字的形式就较为复杂，称为多维阵列。形式如下 {{0，1，2}，{3，4，5}，{…}}。如图 6-52 所示是手画的软件数据结构图。

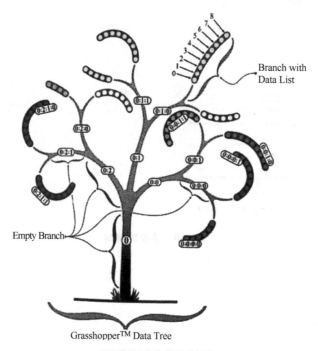

图 6-52　数据结构图

图中有一个单独的主要树枝（可以称为树干），编号是 path{0}。这个路径（path）不包括任何数据，但是包括了 3 个分支，每一个子分支继承了它的父支的编号 {0}，并且拥有它们自己的自编号 {0，1，2，……}。或许称之为"编号"还不合适，英文里面称为"路径（path）"会更好一点，因为这有些类似于硬盘上的文件夹结构。每一个子分支又有两个子子分支，这些子子分支也不包括任何数据。

图里到达第四层嵌套时，终于遇到了数据，路径由线代表，而数据由圆圈代表。每一个子子子分支（第四层分支）是一个重点的分支，意味着这些分支不再继续细分。

因此，每一单个数据项在整个树状的数据结构中只属于并且仅属于一个分支，每一单个数据项拥有一个唯一的路径指定了它在这个树形结构中的位置。

初步了解了数据的结构特性之后，前面提到的数据结构编辑器的几类重要操作就有了效用。展平（Flatten）、合并（Merge）、移植（Graft）、简化（Simplify）、参数归一（Reparameterize），这些操作也默认放置在电池的右键菜单里。

数据树和数据列表如果找一个形象的比喻：好比一支军队，那么每个数据就是一个步兵，而数据列表就是一个步兵队伍或者步兵的方阵，而数据树就是一级一级军衔的管理层：班长—排长—连长—营长等，而展平操作就是只留下军队统帅和步兵而没有了管理层。

6.2.3 工具组件的功能与连线

Anemone 运算器如图 6-53～图 6-59 所示。

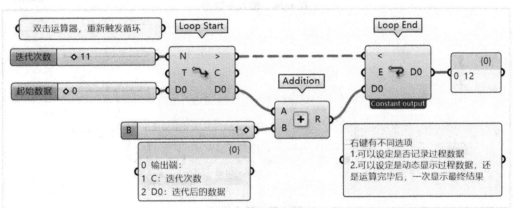

图6-53 基本运算用法

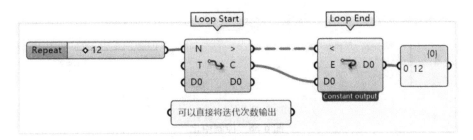

图6-54 直接输出迭代次数

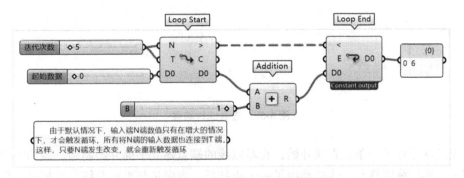

图6-55 N端和T端一起连接的用法

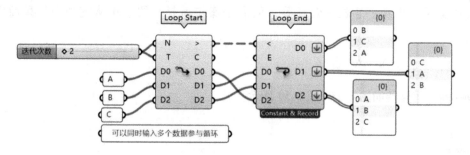

图 6-56 输入多数据

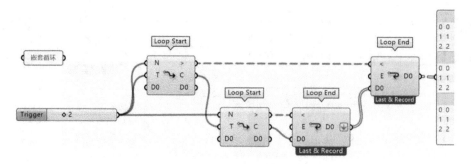

图 6-57 嵌套循环

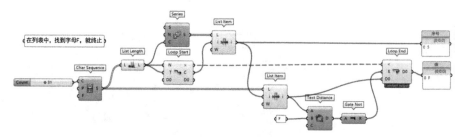

图 6-58 控制中止

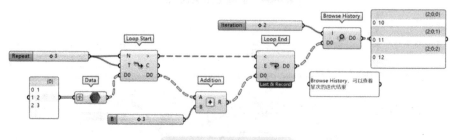

图 6-59 查看迭代结果

首先是从原点的一条垂直线开始，在基础线的端点建立平面并绘制圆，圆的半径与线的长度相关，然后将圆移动，这里利用了一个小技巧，当向量与平面曲线直接相接，就可以快速得到平面曲线的法向向量。再对曲线进行缩放，放样加盖成实体，如图 6-60 所示。

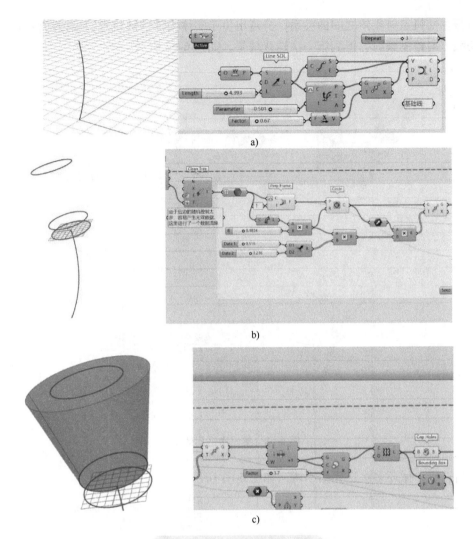

图 6-60　通过运算器产生实体

　　然后利用随机的概念，在之前生成的实体外边建立一个最小包裹，在包裹内建立随机点，为了保证每次的随机点数不一致，将随机种子与端点 z 坐标建立关系，这样每次 z 坐标变化，种子就发生改变，随机数也会变化，从而达到更加随机自然的效果，如图 6-61 所示。

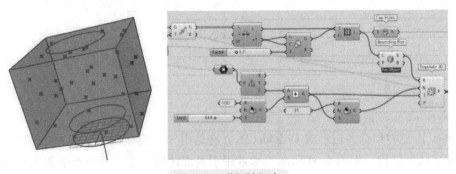

图 6-61　增加随机点

再根据随机点与实体之间的关系，分流出位于实体内部的随机点，根据随机点、端点和端点切线方向绘制圆弧，得到第一次迭代效果，如图 6-62 所示。

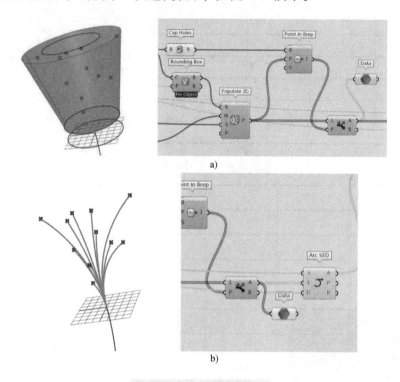

a)

b)

图 6-62 第一次迭代效果

最后，接入循环多次迭代出小树，如图 6-63 所示。

图 6-63 多次迭代出小树

6.2.4 数学生成图形练习

1. Voronoi 图映射

Voronoi 图也称泰森多边形或 Dirichlet 图，它是由一组连接两邻点直线的垂直平分线组成的连续多边形结构，如图 6-64 所示，常常用于表皮建模当中。N 个在平面上有区别的点，按照最邻近原则划分平面；每个点与它的最近邻区域相关联。Delaunay 三角形是由与相邻

Voronoi 多边形共享一条边的相关点连接而成的三角形。Delaunay 三角形的外接圆圆心是与三角形相关的 Voronoi 多边形的一个顶点。在生物学细胞营养输运理论中，细胞对营养物质的吸收、原材料的摄取和代谢废物的排除及产物的分泌是符合最优路径选择的，有时可以用 Voronoi 图进行模拟，如图 6-65 和图 6-66 所示。

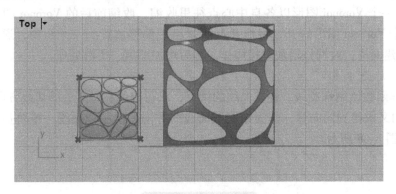

图 6-64　Voronoi 图

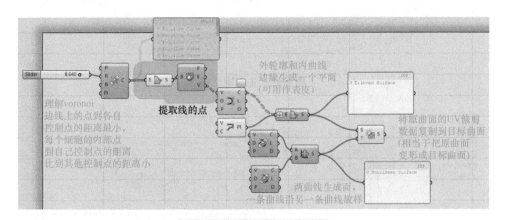

图 6-65　生成类似细胞表皮

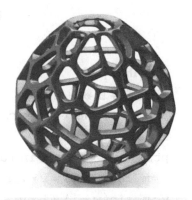

把泰森多边形映射到曲面的方法有以下几种：

1）生成基础圆，依据等差数列对圆沿着 z 轴方向进行移动，形成一系列圆，然后对圆进行缩放，缩放值由图形映射器控制，对缩放后的曲线进行放样，得到基础形。

2）以曲面的展开矩形作为边界，生成 Voronoi 图形，为了让 Voronoi 图形映射到曲面上后，在接缝处不产生错缝，这两对矩形在 X 轴方向进行一定的缩小，在缩小矩形内产生随机点，然后提取左右边缘，对左右边缘进行等分，这样左右边缘点的分布就完全一致，将等分点与随机点合并生成 Voronoi 图形。

图 6-66　Voronoi 图形映射到曲面

3）由于左右两边映射到曲面上后会合并到一起，所以将 Voronoi 单元线炸开，判断端

点的 x 坐标是否相同，剔除左右两边竖向边缘线。

4）利用 Map to srf 运算器，将平面 Voronoi 图形映射到曲面表面，通过多段线是否封闭进行分流，将接缝处两边开口的 Voronoi 图形筛选出来，按中心点的 z 坐标进行排序，然后两两分组进行连接（Join）。

5）将每一个 Voronoi 图形以各自中心点往里收缩，收缩前后的 Voronoi 图形分别成组，将每组内两个 Voronoi 图形炸开，将炸开点通过路径偏移放置到一个组内，通过 Mesh from pts 命令来构建网格，对网格增加焊接操作，然后增加厚度、柔滑处理。

2．扫掠生成螺旋线

根据数学函数绘制螺旋线，提取曲线的端点，求得曲线在端点处的切线方向，将切线方向与 z 周方向叉乘得到的向量，作为绘制截面线的方向，绘制截面线，单轨扫掠得到曲面，如图 6-67 和图 6-68 所示。

图 6-67 生成螺旋线

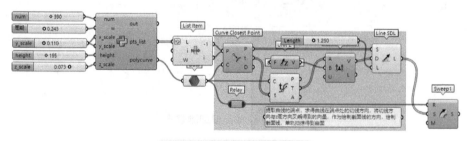

图 6-68 生成螺旋线运算器

Ghpython 代码：

```
#1-6_数学函数曲线
import Rhino.Geometry as rg
import math as m
pts_list=[]for i in range(num):          #根据数学公式,计算点的 xy 坐标值
x=m.cos(w*i)*i*x_scale
y=m.sin(w*i)*i*y_scale                    #根据 i 的取值,设定不同的 z 坐标值
                                          整体是先逐渐增加,再逐渐减小

if(i<height):
```

```
z=i*z_scale    else:
z=height*z_scale*2-i*z_scale
pts_list.append(rg.Point3d(x,y,z))    #根据点生成 Nurbs 曲线
polycurve=rg.NurbsCurve.Create(False,3,pts_list)
```

6.2.5　封装运算器

使用者在学习和工作过程中，往往遇到一些相同逻辑的构建过程，将组成这些逻辑的运算器进行封装，创建一个 Cluster（集群）。封装后的运算器可以保存放置在 GH 的标签栏中，作为独立的功能模块，方便随时调用。制作 Cluster 的最大好处是可以提高工作效率，避免重复工作。

网架是较为常用的结构形式，GH 中创建一个曲面网架结构后，通过 Cluster 将该部分逻辑运算器进行封装，下次使用时可直接调用该封装程序。以下是该网架 Cluster 的具体做法。

用 Surface 运算器拾取 Rhino 空间中的曲面，由于在创建 Cluster 过程中，该曲面数据需要 Cluster Input 进行替换，因此可以将 Surface 运算器命名为 Input。选定 Input 之后，右键也有 Cluster 和 Group 选项。

通过 Divide Domain 运算器将曲面等分为二维区间，其中 U 和 V 两个输入端的数据可分别设定为 15 和 10。由于在创建 Cluster 过程中，该数值需要由 Cluster Input 进行替换，因此，可将两个 Number Slider 运算器同时命名为 Input。通过 Isotrim 运算器依据二维区间将曲面进行分割。通过 Area 运算器提取分割后全部子曲面的中心点。

 习　题

关于生成右边的螺旋线图形，下列说法正确的是（　　　）。

A. 建立螺旋线需要确定点的 x、y、z 坐标

B. x 坐标有特定的参数方程，y 坐标不需要参数方程

C. 绘制截面线可以将切线方向与 z 方向相乘得到向量

D. 曲面的生成是通过单轨扫掠生成的

7

第 7 章 典型的创成式正向设计方法及优化方法

7.1 机构设计

创成式正向设计在未来的一个重要应用领域是辅助概念设计，特别是在机械机构设计领域，用创成式正向设计将极大地提高概念设计的生产率和准确度，在辅助概念设计过程中，创成式配合遗传变异算法对于误差的求解有极大的帮助。

深入机械机构设计，主要在于掌握众多机构的基本构造和基本力学原理，同时需要几何领域的较深知识和前沿知识帮助启发创新。机构设计也是智能制造领域非常重要的知识，在这里将它作为一种创成式正向设计方法的重要基础单列在本小节，方便有兴趣的同学查阅，找到深造的方向。也可以将机构设计知识整合到数据库中方便程序调用。

机构是传递运动、动力或改变运动形式、轨迹等的构件系统。从运动的角度看机构是由构件和运动副组成的可动联接，既保持直接接触，又能产生一定的相对运动，如图 7-1 所示。若干个机构组成机器。如连杆机构就是在机械设备中常用的机构之一，在汽车发动机领域普遍使用曲柄连杆机构。一般意义上的连杆机构的主要作用包括：产生符合要求的运动路径或位置；输出符合需求的力。

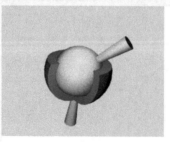
球面副

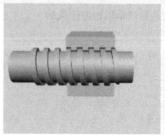
螺旋副

图 7-1 构件和运动副

除了发动机领域，连杆机构还广泛应用于各种机械和仪表中，根据构件之间的相对运动是平面运动还是空间运动，连杆机构可分为平面连杆机构和空间连杆机构。平面连杆机构是一种常见的传动机构。它是指刚性构件全部由低副联接而成，又称低副机构。平面连杆机构广泛应用于各种机械以及操纵控制装置中，如往复式发动机、抽水机和空气压缩机以及牛头刨床、插床、挖掘机械、装卸机械、颚式破碎机、摆动输送机、印刷机械、纺织机械等中都有平面连杆机构。在连杆机构中，若构件不在同一平面或相互平行的平面内运动的机构称为空间机构（Spatial Mechanism）。根据机构中构件数目分为四杆机构、五杆机构、六杆机构等，一般将五杆及五杆以上的连杆机构称为多杆机构。当连杆机构的自由度为 1 时，称为单自由度连杆机构；当自由度大于 1 时，称为多自由度连杆机构。

根据形成连杆机构的运动链是开链还是闭链，可将相应的连杆机构分为开链连杆机构（如机械手通常是运动副为转动副或移动副的空间开链连杆机构）和闭链连杆机构。单闭环的平面连杆机构的构件数至少为 4，因而最简单的平面闭链连杆机构是四杆机构，其他多杆闭链机构是在其基础上扩充杆组而成的；单闭环的空间连杆机构的构件数至少为 3，因而可由三个构件组成空间三杆机构。

与凸轮轮廓接触，并传递动力和实现预定的运动规律的构件，一般做往复直线运动或摆动，称为从动件。凸轮机构在应用中的基本特点在于能使从动件获得较复杂的运动规律。因为从动件的运动规律取决于凸轮轮廓曲线，所以在应用时，只要根据从动件的运动规律来设计凸轮的轮廓曲线即可。机构设计已有数千年的历史，凝聚了前人巨大的设计智慧，特别是近现代以来自然科学技术的发展，内容博大精深。读者需要深化了解相关内容来理解框架层面的知识和掌握设计动力学，并结合自然科学知识和仿生结构优化、多类型优化、点阵等知识，因此具备这样的知识和设计能力才是对复合设计能力的把握。

工业机器人是机器人的一个重要分支，它的特点是可通过编程完成各种预期的作业任务，在构造和性能上兼有人和机器人各自的优点，尤其是体现了人的智能和适应性、机器作业的准确性和在各种环境中完成作业的能力。工业机器人在国民经济各个领域中具有广阔的应用前景。机器人技术涉及力学、机械学、液压技术、自动控制技术、传感技术和计算机等学科领域，是一门跨学科的综合技术。而机器人机构学是机器人技术专业的主要基础理论和关键技术，也是现代机械原理研究的主要内容。

工业机器人是一种能自动控制并可重新编程予以变动的多功能机器。它有多个自由度，可用来搬运物料、零件和握持工具，以完成各种不同的作业。

1. 工业机器人的组成

工业机器人通常由执行机构、驱动-传动系统、控制系统及智能系统部分组成，如图 7-2 所示。

2. 工业机器人各部分关系

机器人各部分关系如图 7-3 所示。

3. 工业机器人各部分功能

执行机构：是机器人赖以完成各种作业的主体部分。通常为开式空间连杆机构。

驱动-传动机构：由驱动器和传动机构组成。传动机构有机械式、电气式、液压式、气动式和复合式等。而驱动器有步进电动机、伺服电动机、液压马达和液压缸等。

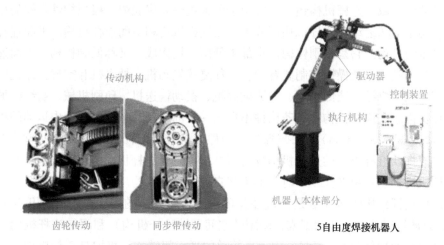

齿轮传动　　　同步带传动　　　　　5自由度焊接机器人

图7-2　工业机器人传动机构和本体

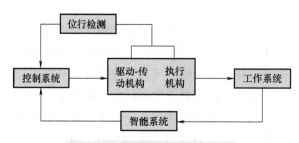

图7-3　工业机器人各部分关系

控制系统：一般由示教操作盘或控制计算机和伺服控制装置组成。前者的作用是发出指令协调各有关驱动器之间的运动，同时要完成编程、示教/再现以及和其他环境状况（如传感器信号）、工艺要求、外部相关设备之间的信息传递和协调工作。而后者是控制各关节驱动器使各杆能按预定运动规律运动。

智能系统：由感知系统和分析决策系统组成，它分别由传感器及软件来实现。

4. 工业机器人操作机

工业机器人的机械结构部分称为操作机。它由机座、腰部、大臂、小臂、腕部及手部组成。即由手臂机构和手腕机构组成。

5. 工业机器人的发展过程

第一代为示教/再现型机器人。它主要由机械系统和控制系统组成，在当前工业中应用最多。第二代机器人为感觉型机器人，如有力觉、触觉和视觉等功能，它具有对某些外界信号进行反馈调整的能力，目前已进入应用阶段。第三代为智能型机器人，尚处于研究阶段。

6. 操作机的主要类型

操作机的主要类型有直角坐标型、圆柱坐标型、球坐标型、关节型。

操作机的主要技术指标：

（1）自由度　自由度是用来确定手部相对机座的位置和姿态的独立参数的数目，它等于操作机独立驱动的关节数目。

自由度是反映操作机的通用性和适应性的一项重要指标。一般通用工业机器人的大多为5自由度左右，已能满足多种作业的要求。

（2）工作空间　即操作机的工作范围。

（3）灵活度　灵活度是指操作机末端执行器在工作（如抓取物件）时，所能采取的姿态的多少。若能从各个方位抓取物体，则其灵活度最大；若只能从一个方位抓取物体，则其灵活度最小。

7. 工业机器人操作机的设计

工业机器人操作机是由机座、手臂、手腕及末端执行器等组成的机械装置。从机器人完成作业的方式来看，操作机是由手臂机构、手腕机构及末端执行器等组成的机构。其结构方案及其运动设计是整个机器人设计的关键。

（1）操作机手臂机构的设计　手臂机构一般为2~3个自由度，要求可实现回转、仰俯、升降或伸缩等运动形式。在手臂机构设计时，先要确定其结构形式和尺寸，还需考虑各种构件的重量对其运动速度、精度及刚度的影响。

（2）操作机手腕机构的设计　手腕机构一般为1~3个自由度，要求可实现回转、偏摆或摆转和仰俯等运动形式。

在手腕机构设计时，要确定其结构形式及持续尺寸，并要注意诱导运动。为使其机构紧凑，要减少其重量和体积，以利于驱动传动的布置和提高手腕动作的精确性。

（3）末端执行器的设计　根据不同作业任务的要求，先确定其类型和机构形式，使其类型和机构形式尽可能结构简单、紧凑、重量轻，以减轻手臂的负载。

7.2　仿生设计

从广义上来说，机器人设计也属于从机构设计到仿生设计的跨领域研究。仿生设计学，可称为设计仿生学（Design Bionics），仿生设计学是以自然界中各种生物独特的"形""色""音""功能""结构""算法"等作为研究对象，并有选择地将这些生物的外在形态特征和内在功能结构进行创造性的模拟和应用的过程。这是在仿生学和设计学的基础上发展起来的一门新兴边缘学科，主要涉及数学、生物学、电子学、物理学、控制论、信息论、人机学、心理学、材料学、机械学、动力学、工程学、经济学、色彩学、美学、传播学、伦理学等相关学科。仿生设计学研究范围非常广泛，研究内容丰富多彩，特别是由于仿生学和设计学涉及自然科学和社会科学的许多学科，因此也就很难对仿生设计学的研究内容进行划分。

仿生学的基础具有生物性、自然性的特征，所以在设计具体的工业产品时，需要对生物界、自然界的事物进行基本的了解和把握，在这些基本型中，将生物系的原始特征和基本原理通过抽象化的思维提取出来。这些提取出来的思维，便可以运用到具体的工业产品当中，从而更好地展示出自然界、生物界的特征。因为这些设计的产品具有先天的自然性，所以它们能够很好地保证仿生设计能够追溯到源头，因此在追根溯源和具体的阐发过程里具有一定的优势。

动植物元素的仿生，也就是通过对生物界、自然界中一些动植物进行具体的参考和思索，能够有效提炼出动植物的特征和原理。将这些提炼出来的元素投入到工业产品的设计中，可以在最大程度上避免对现有动植物的伤害和破坏，这样可以充分地保留住动植物现有的美感和生命力，在最大限度上有效地满足人们的精神需求。

充分展示生命的活力是仿生设计中极为关键的一个特征，极大程度上保留了对动植物特征的模仿和考量，想要对其进行更为深入的分析，则需要回归到对动植物本性的考察上。这种回归本源的考察，可以激发起人们的内在情感，从而让人们感受到极为蓬勃的生命力和强大的生物特性。

案例：

Galapagos（加拉帕戈斯）小岛，著名科学家达尔文曾在该岛为他的进化论找到论证的依据，因此 GH 以 Galapagos 命名了包含遗传算法的运算器。

先在 Rhino 的 Grasshopper（GH）中任意绘制一个圆形，如图 7-4 所示。

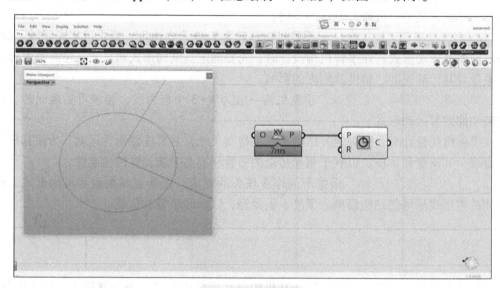

图 7-4　绘制圆形

使用 Evaluate Curve 在上面使用 0-1 变化的 Slider（滑杆），随机提取三个点，如图 7-5 所示。

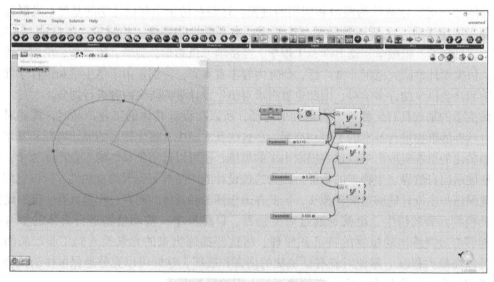

图 7-5　使用 Evaluate Curve

下面将这三个点使用 Polyline 连接成一个三角形，注意 C 端布尔值要设置为 TRUE，使用 Area 运算器求出它的面积，如图 7-6 所示。

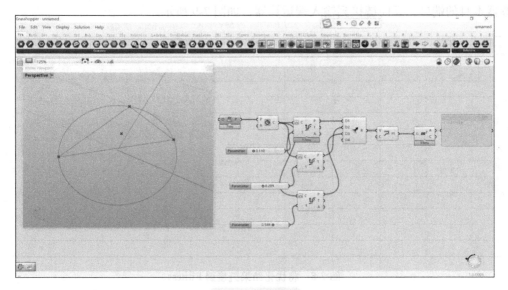

图 7-6 求面积

很明显当改变三个滑杆数值的时候，三角形的面积也在变化，那么这个时候如果想求得三个滑杆在什么数值下围成的三角形面积最大，该怎么操作？如图 7-7 所示。

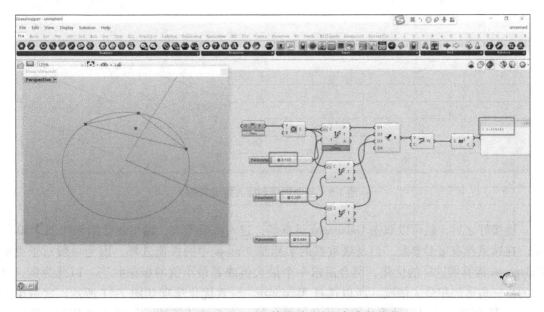

图 7-7 用 Galapagos 运算器对三个滑杆参数优化

通过遗传算法，根据 fitness 段输入值的极值设置，通过对于 Genome 端的值测试遍历，查找出极值状态下对应的 Genome 端参数。那么对照测试需求，很明显需要的是根据三角形面积的最大值，找出对应两个滑杆的数值（控制点的位置）。所以需要把面积值链接到

Fitness，如图 7-8 所示，而把两个滑杆链接到 Genome。对于 Galapagos 运算器，需要注意的是，它的链接不是由 Panel（面板）或者 Slider（滑杆）链接过去，相反要先单击 Galapagos运算器本身的端口，反向链接到输入端运算器，如图 7-9 所示。

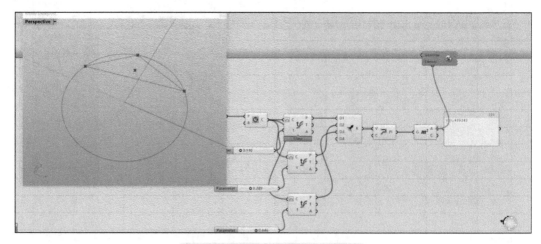

图 7-8　将优化结果链接到 Fitness

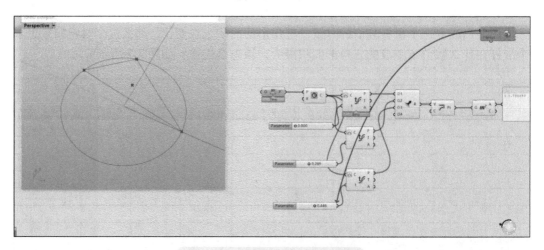

图 7-9　反向链接到输入端运算器

链接好之后，就可以双击 Galapagos 运算器，进入编辑界面，输出优化结果如图 7-10 所示。在这虽然有很多参数，但是最重要的实际是 Fitness 中的极值选择，因为一般对于类似Galapagos 运算器这样的优化，都会追求一个最大值或者最小值的极值状态。以此为例，寻求的是三角形面积最大情况，所以选择 Maximize，设置优化选项如图 7-11 所示。之后单击Solver，需要选择采用哪种算法进行优化结算，第一个是遗传算法，如图 7-12 所示。第二个是退火算法，对于它们具体的区别和适用范围本书就不再展开，假设选择退火算法，单击Start Solver，滑杆的数值就开始自行变化进行模拟优化，并且三角形的形状经过短暂的测试就到了一个近似等边三角形的状态，可以看到退火算法的效率还是相当高的。并且可以看到解算的时候右下角的数值（三角形面积值）是在不断变化修正的，如图 7-13 所示。

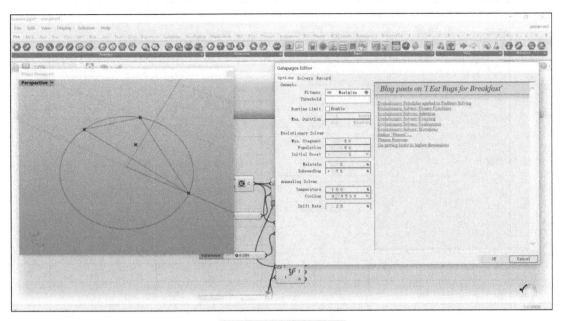

图 7-10　输出优化结果

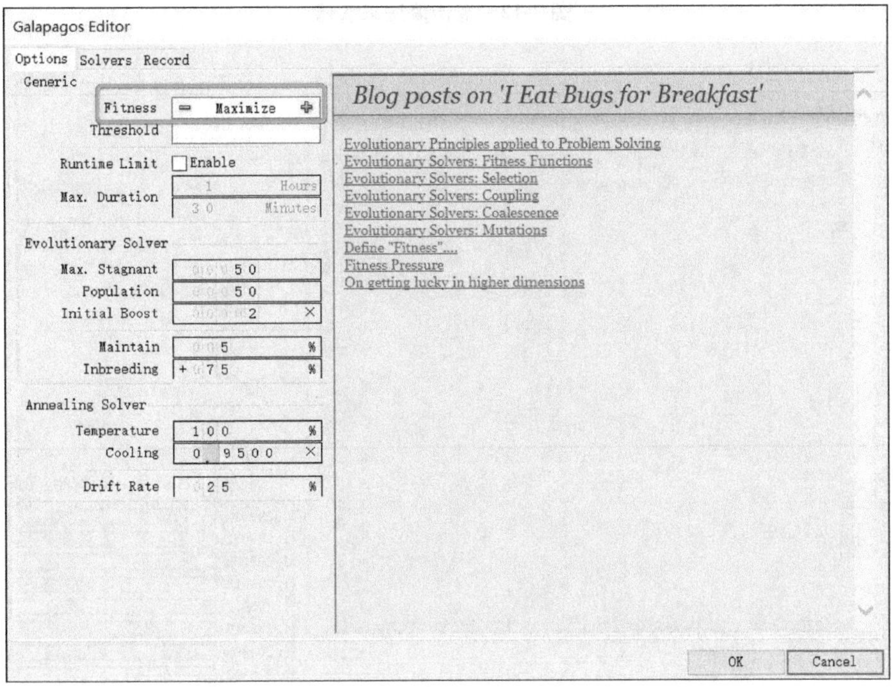

图 7-11　设置优化选项

　　经过多次优化之后，当发现最高数值不再改变之后，就可以单击 Stop Solver 停止运算。选择最高的那个数值，单击 Reinstate，发现滑杆就停留在极值所对应的数值上，也就在 GH 中得到了三角形面积最大时所对应的点的位置，如图 7-14 和图 7-15 所示。

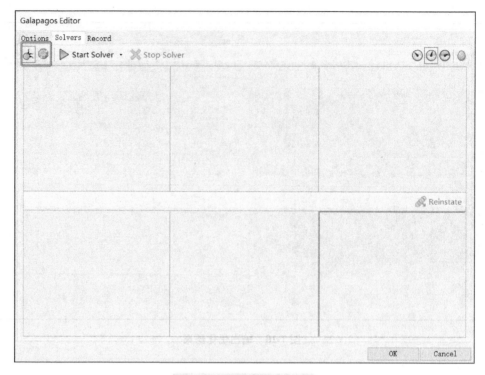

图 7-12　遗传算法求解器

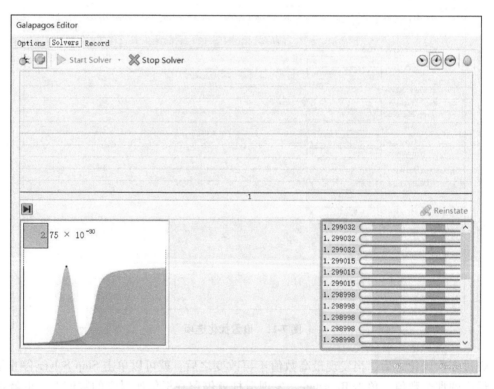

图 7-13　退火算法求解器

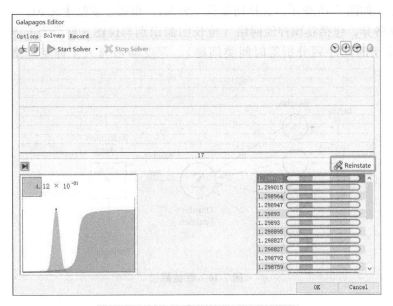

图 7-14　单击 Reinstate 确定最优结果

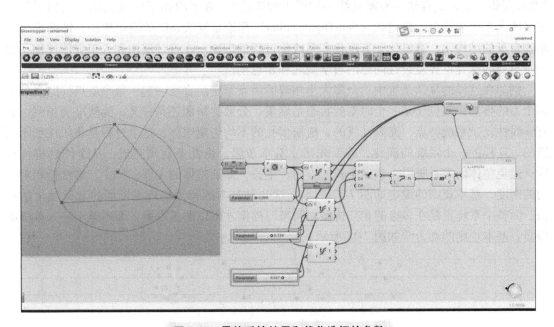

图 7-15　最终反馈结果和优化选择的参数

7.3　基础行为自组织

现在的人工智能呈现出深度学习、跨界融合、人机协同等新的特征，联结主义 AI 取名自网络拓扑学。联结主义 AI 中知名度最高的是人工神经网络技术（ANN）。它由多层节点（即神经元）组成，这些节点可处理输入信号，并通过权重系数实现彼此的联结，并相互挤压形成下一层，如图 7-16 所示。支持向量机（SVMs）也属于联结主义 AI。人工神经网络大小不一、形状各异，包括卷积神经网络（擅长图像识别与位图文件分类）与长短期记忆网络（主要应用于时间序列分析等时间类问题）。深度学习与人工神经网络有着异曲同工之妙。

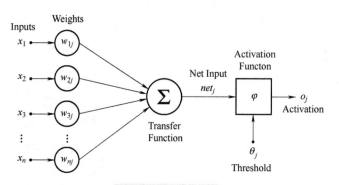

图 7-16 联结算法

上述的理念主要来自于归纳法，而演绎法的理念来自符号主义中一类典型的路径，如"数理逻辑→启发式算法→专家系统→知识工程理论"。涉及自组织的理论则被应用于行为主义的人工智能当中。自组织（Self-Organization）理论是复杂系统的演化理论，即研究客观事物自身的结构化、有机化、有序化和系统化过程的理论。在设计层面和人工智能层面，是一种重要的探究世界复杂性问题的科学观念和新思潮。

例如在这样的复杂系统中，众多大小相等的质点紧密组合在一起，每个质点同时受到很多个力的叠加，其位于某一个时刻的状态是聚集、分散、组团还是分叉，无法准确预测，具有非线性复杂系统特点，充满乱流的、疏松多孔的不均匀组织体，这个过程是非线性和不可逆的。这样的一个系统的演化，需要先建立基本逻辑，由几条规则完成：从个体到群体排斥，避免整体坍缩；吸引，确定生长的方向；生长，保证整体的发展；死亡，则维持相对均匀的密度，基本规则的设定如图 7-17 所示。这几种基本的行为构成了发展的几条轴上的两极，而整个系统正是在多极的相互抗衡之间来回摇摆才得以曲折发展，而不至于陷入单极的静滞，基本规则的动力学如图 7-18 所示。

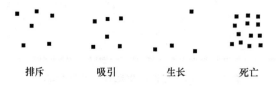

排斥　　　吸引　　　生长　　　死亡

图 7-17 基本规则的设定

要实现的逻辑核心在于定义规则生效的判定条件。自组织生成系统过程如下：

1）给定基础点。

2）以搜索半径（S-R）计算泰森多边形（Voronoi），并根据其面积以得到每个点周边的密度关系并从大到小进行排序。

3）当点属于最密的前 $n\%$ 时，成为排斥力的原点。

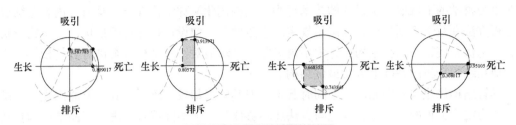

图7-18　基本规则的动力学

4）当点属于最稀疏的前 $n\%$ 时，成为吸引力的原点，并在生长半径（B-R）内随机生成一个点。

5）计算所有点在场中的运动，并清除所有相距小于死亡半径（D-R）的点。

6）回到步骤2）并循环。

这个简单系统在视觉上呈现出元胞自动机的特性，又比严格的元胞自动机要灵活，没有边界，具有与现实世界更高的相似度，如苔藓、阿米巴菌等的形态变化，初期可以控制不同的变量，包括距离参数、力场属性、初始点源、环境因素，以探究不同的生长类型和形态。其自组织生成结果如图7-19所示。

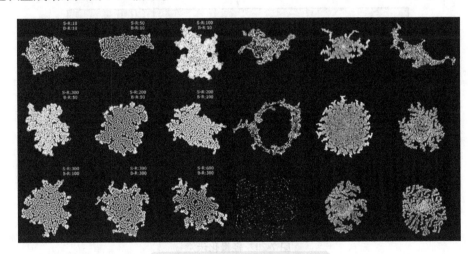

图7-19　该系统自组织生成结果

7.4　拓扑优化

拓扑优化有着悠久的历史，赵州桥这座中国最知名的桥梁之一，其实就蕴含着最朴素的拓扑优化的理念。这是古人在考虑桥体承受一定载荷的作用下，设计出的最简洁、结构整体刚性最好的桥体结构。传统的结构设计，在某种程度上可以说是一类艺术，要求人们根据经验和通过判断去创造设计方案。当下以力学、有限元法等为理论基础的 CAD/CAE 技术作为校验的手段而应用于结构设计中，使艺术加上了科学的翅膀，同时伴随着计算机技术的高速发展，各类复杂工程结构问题已广泛开展了结构分析方法的应用。相比较传统的结构设计方法而言，以有限元法为核心内容，包括 CAD 技术、多体系统动力学等在内的现代设计方法作为更为科学的手段取代了以往的艺术行为。结构优化又称结构综合，其研究内容是综合结构分析方法和数学规划理论，在满足规定约束条件下，使设计目标达到最优。与结构分析相比，结构优化使得人们在结构设计中不再局限于被动地对给定结构方案进行分析校核，而是主动地在结构分析的基础上寻找最优结构。

尽管结构优化与有限元法几乎同时起步，但其发展却较为落后。其主要原因在于：结构优化作为结构分析的逆问题，理论与方法还不够成熟；从实际需求考虑，产品结构满足功能要求是必需的，而进一步的结构优化要求则基于可行方案通过优选方式得以满足。近年来，随着能源危机、环境问题的日益关注，各行各业对结构优化的需求在不断提高。以整车结构为例，汽车轻量化不仅能降低燃耗、改善运动和排气等多方面性能，而且为减振降噪和实现大功率化创造了条件。车辆轻量化程度已成为汽车企业技术实力的一项综合指标。发动机发展趋势最突出的特点在于大功率和高功率密度，大幅度减小动力系统的体积和重量是发动机轻量化、具有强劲能源动力的保障。对于航天航空产品而言，结构产品对重量的敏感度更高。例如在卫星上，甚至有"结构重量减少一克，则运载火箭的重量减少一吨"的说法。如图 7-20 所示为轻量化示意图。

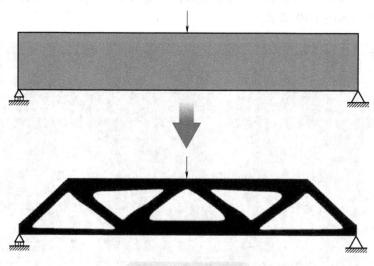

图 7-20　轻量化示意

拓扑优化（Topology Optimization）是基于数学拓扑学的原理发展起来的外形优化技术，其目标是寻求物体对材料的最佳利用，要达到此目标（如整体刚度、自振频率等）的要求，在给定的约束条件下（如体积减小）取得最大或最小值。

这里注意与传统优化的区别：拓扑优化将材料在物体上的分布函数作为优化参数，不需要给出优化参数的显式定义——因变量的优化，只需要给出结构描述（如材料特性、有限元模型、载荷等）和目标函数（此函数最大或最小），然后从预定好的判据集中选择状态变量（即与约束有关的变量）。

结构优化可分为尺寸优化、形状优化、形貌优化和拓扑优化，设计参数即为优化对象，如板厚、梁的横截面的宽度、长度和厚度等。

形状优化：以结构件外形或者孔洞形状为优化对象，如凸台过渡倒角的形状等。

形貌优化：是在已有薄板上寻找新的凸台分布，提高局部刚度。

拓扑优化：以材料分布为优化对象，通过拓扑优化，可以在均匀分布材料的设计空间中找到最佳的分布方案。

由此可见，拓扑优化相对于尺寸优化和形状优化，具有更多的设计自由度，能够获得更大的设计空间，是结构优化最具发展前景的一方面。图 7-21 所示展示了尺寸优化、形状优化和拓扑优化在设计减重孔时的不同表现。

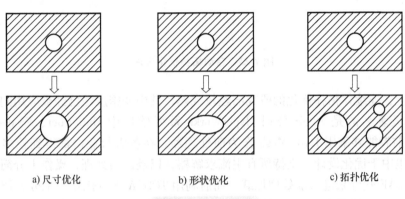

a) 尺寸优化   b) 形状优化   c) 拓扑优化

图 7-21　优化类别

在传统设计流程中，CAD 设计建模依据拓扑技术优化结构，转到 FEA 软件进行分析检验，结果合格的模型才可以输出。这个过程中的交互是手动操作完成的。如果借助拓扑优化的成熟软件或者成熟算法，则可以把上述过程中的交互改为自动化实现，如 3-matic 中将关键几何特征——曲率、表面光顺性、切线斜率、间隙系数等用算法实时监控，大幅度增加了交互频次和准确性，进而完成更好的拓扑优化，优化流程如图 7-22 所示，优化方法如图 7-23 所示。

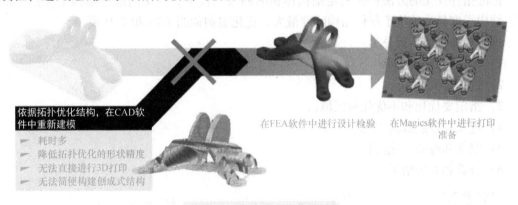

依据拓扑优化结构，在CAD软件中重新建模
- 耗时多
- 降低拓扑优化的形状精度
- 无法直接进行3D打印
- 无法简便构建创成式结构

在FEA软件中进行设计检验　　在Magics软件中进行打印准备

图 7-22　传统仿真优化流程

连续体拓扑优化是把优化空间的材料离散成有限个单元（壳单元或者体单元），离散结构拓扑优化是在设计空间内建立一个由有限个梁单元组成的基结构，然后根据算法确定设计空间内单元的去留，保留下来的单元即构成最终的拓扑方案，从而实现拓扑优化。

目前连续体拓扑优化方法主要有均匀化方法、变密度法、渐进结构优化法（ESO）、水平集方法（MMV）等。离散结构拓扑优化主要是在其结构方法基础上采用不同的优化策略（算法）进行求解，如基于遗传算法的拓扑优化等。

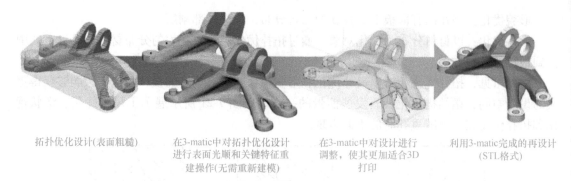

拓扑优化设计(表面粗糙)　　在3-matic中对拓扑优化设计　　在3-matic中对设计进行　　利用3-matic完成的再设计
　　　　　　　　　　　　　进行表面光顺和关键特征重　　调整,使其更加适合3D　　　　　(STL格式)
　　　　　　　　　　　　　　建操作(无需重新建模)　　　　打印

图 7-23　自动拓扑优化方法

在工程上,连续体拓扑优化的研究已经较成熟,其中变密度法已经被应用到商用优化软件中,其中最著名的是 Altair 公司 HyperWorks 系列软件中 OptiStruct、Fe-design 公司的 TOSCA 等。前者能够采用 HyperMesh 作为前处理器,在各大行业内都得到较多的应用;后者最开始只集中于优化设计,支持所有主流求解器,以及前后处理,操作十分简单,可以利用已熟悉的 CAE 软件来进行前处理加载,而后利用 TOSCA 进行优化,十分方便。近年来和 Ansa 联盟,开发了基于 Ansa 的前处理器,并开发了 TOSCA GUI 界面。还有 ANSYS Workbench 中 ACT 的插件,可以直接在 Workbench 中进行拓扑优化仿真,由于 ANSYS 的命令比较丰富,国内也有不少研究者采用 ANSYS 自编拓扑优化程序的。

拓扑优化的目标—目标函数是在满足给定的约束(减少体积等)情况下选择判据最小或最大(结构的变形能最小、基频最大)。这个技术通过设计变量给每个有限元单元赋予内部伪密度来实现,如 ANSYS 里面的 PLNSOL、TOPO0 和 PLESOL 命令。

标准拓扑优化的方法:在满足结构体积的约束条件下,定义问题为结构柔度最小的问题,结构柔度最小等价于整体结构刚度最大。优化案例如图 7-24 和 7-25 所示。

进行拓扑优化步骤分为:

1)定义拓扑优化问题。

2)选择单元类型。

3)指定要优化和不优化的区域。

4)定义和控制载荷工况。

5)定义和控制优化过程。

6)查看和处理结果。

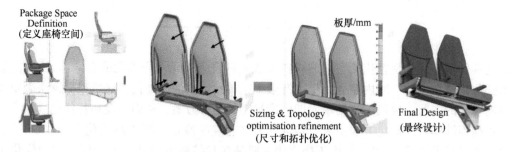

图 7-24　车辆座椅的拓扑优化

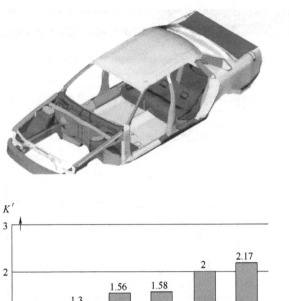

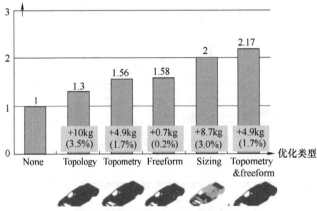

图 7-25　抗扭性能的优化设计

7.5　材料优化设计

7.5.1　基本介绍

从研究、设计和仿真，到采购、制造和质量控制，材料信息对于正确的决策至关重要。材料信息的数字化在于便于访问，材料信息要准确、安全、受控，流程要可溯源，材料信息集成在 ANSYS Mechanical 和 ANSYS Electronics Desktop 环境中。

通过访问 GRANTA MI 界面，如图 7-26 所示，可以回答这些问题，只需以一个强大的信息系统为后盾，便可收集、管理、分析所有的材料数据和经验，并根据需要随时随地进行分享，并集成到需要它的业务流程中，如图 7-27 所示。

1. 材料和工艺基本库

ANSYS GRANTA EduPack 涵盖了所有材料和过程类的信息，提供了 3900 多种材料和 200 多种工艺的综合属性数据。

2. 特定行业数据库

这些增强的数据集在相应的 ANSYS GRANTA CES EduPack 版本中可用，可为以下各项添加信息：

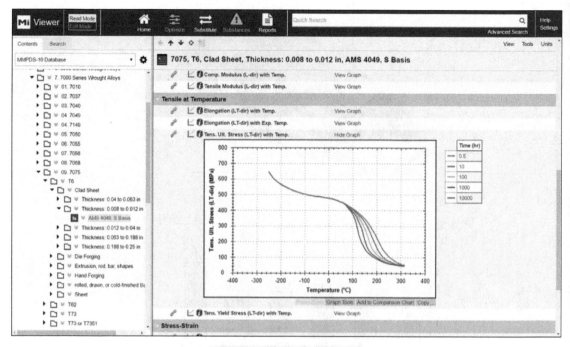

图 7-26　GRANTA MI 界面

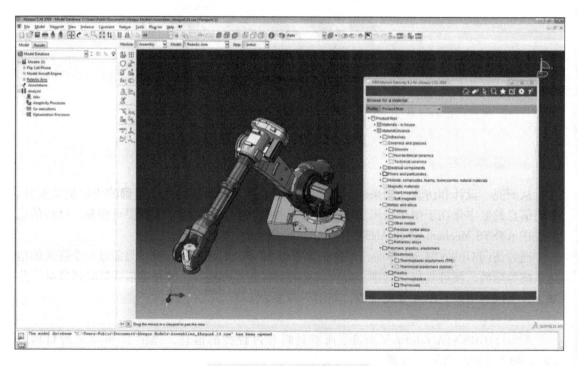

图 7-27　集成到高级业务流程

　　注：GRANTA MI 是行业领先的企业材料信息管理系统。http://www.infomass.cn/soft/granta-mi/，https://www.ansys.com/zh-cn/products/materials。

航空航天：提供额外的温度相关属性数据，以及指向 MMPDS 和 CMH-17 的链接。

建筑：提供建筑应用图片，有关在何处使用材料的数据，及其弯曲模量、湿热性、耐久性和易燃性信息。

生物工程：提供具有生物相容性、灭菌性、RoHS 符合性和食品级等级数据的生物信息，生物衍生和生物医学材料。

生态设计：提供地缘经济数据，受限物质和关键材料，能源，碳足迹和用水信息。

材料科学与工程：提供生物和结构材料、纤维、相图、说明过程/结构/属性关系的数据。

聚合物：提供商品名称，填料类型，冲击性能和耐化学性，以及指向 CAMPUS 和 Prospector 塑料的链接。

可持续性：提供有关能源系统、法规和世界各国的材料和数据的环境特性（包括社会、经济和地理数据）。

7.5.2 材料案例

根据设计需求，遵循一定的科学原理找到标准和准则，在创成式正向设计程序中，可以直接导入人材料数据库的数据，如 GRANTA Mi，结合优化算法，利用计算机辅助快速找到最佳的材料，并得出最小横截面积。

最小化重量：轻质刚性拉杆（索）。

设计需求：指定刚度 S^*，长度 L_0，选择材料和横截面面积 A，实现最小化杆质量 m，如图 7-28 所示。

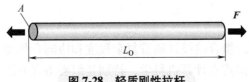

图 7-28　轻质刚性拉杆

首先寻求一个方程，描述数值最大化或者最小化，杆质量为 m 或 M 函数，这个方程称为目标函数 M，$m = AL_0\rho$，可以通过减小横截面面积来实现质量最小化，注意这里有一个约束条件：横截面面积 A 必须提供足够的刚度 $S^* = AE/L_0$，代入上述方程就得到 $m = S^* L_0^2 \left(\dfrac{\rho}{E}\right) = S^* L_0^2 / M_t$。

其中 $M_t = \dfrac{E}{\rho}$ 称为比刚度，可以从设计程序中，读取材料数据库不同材料，做成图 7-29。

如图 7-29 可知，比刚度越高的材料，会得到越小的质量，也就是最好的选择。

7.5.3 GRANTA MI 数据库

以下对数据库内容做简单介绍，详细信息请单击"数据库名称"列的超链接查看数据库详细介绍页面。材料数据库主页为：

http：//www. ansys. com/products/materials

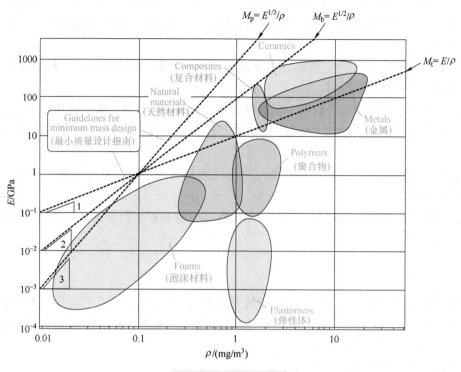

图 7-29　材料选择图

7.6　设计模式和目标驱动优化算法

多样性、大规模和复杂组合的设计随着复杂程度和协同合作要求的提高，必然要涉及设计模式适合的问题。设计模式在计算机科学，特别是编程语言方面发展得已经极其成熟，很多优秀的工程化语言会有五大类模式：创建型、结构型、行为型、并发型和线程管理型，其中的内容有值得借鉴的地方。

创建型模式，共 5 种，包括工厂方法模式、抽象工厂模式、单例模式、建造者模式、原型模式。

结构型模式，共 7 种，包括适配器模式、装饰器模式、代理模式、外观模式、桥接模式、组合模式、享元模式。

行为型模式，共 11 种，包括策略模式、模板方法模式、观察者模式、迭代子模式、责任链模式、命令模式、备忘录模式、状态模式、访问者模式、中介者模式、解释器模式。它们之间的关系可以用一个图来总结一下，如图 7-30 所示。

优化所研究的是在众多方案中寻找最优方案，后来还发展了一个很大的数学分支——最优化理论，也称运筹学，是一个子方向很多的学科，其中包括线性规划、整数规划、非线性规划、随机过程、随机规划、存储量、博弈论、鲁棒优化，最优控制优化处理的是具有多个变量且通常需要服从等式和/或不等式约束的最小化或最大化函数问题。随着数字技术的发展和计算机日益广泛的应用，使优化问题的研究不仅成为一种迫切需要，而且成为求解的有

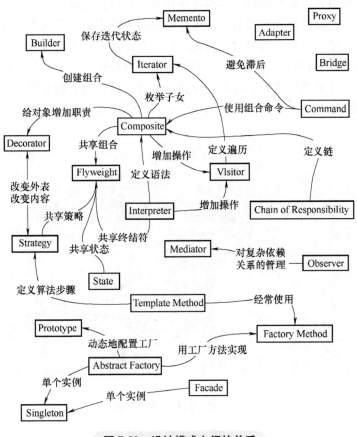

图 7-30　设计模式之间的关系

力工具。因此，优化理论和算法形成一门新的学科，现如今在工程领域有了广泛的发展。优化理论如图 7-31 所示。

图 7-31　优化理论

多目标优化是工程优化问题的重要研究领域之一。自 20 世纪 60 年代以来，多目标优化问题（MOP）吸引了越来越多不同背景研究人员的注意，这是因为多目标优化问题在现实生活中具有非常普遍和重要的地位。在同样条件下，经过优化技术的处理，对系统效率的提高、能耗的降低、资源的合理利用及经济效益的提高等均有显著的效果。如企业的最低成本和最大效益问题就是一个典型的多目标优化问题，企业在进行产品设计时，有产量高、质量好、成本低、消耗少、利润高等多目标，需要将这些目标量化、函数化、建立数学模型，再通过计算机优化方法来辅助决策。而进行导弹设计时，射程远、精度高、重量轻、燃料消耗少，也是多类型目标共存的工程项目，同样面临多目标优化问题，举例如图 7-32 所示。

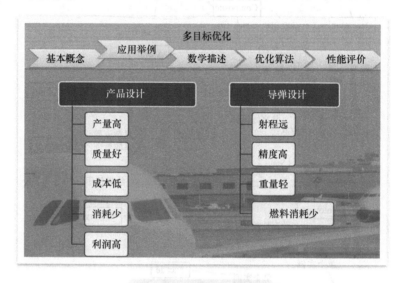

图 7-32　多目标优化举例

此外，还有社会发展与国民经济的中长远发展计划的优化与决策问题等。一般来说，科学与工程实践中的优化问题大都是多目标优化与决策问题。而这些实际问题非常复杂，要解决这类问题需要投入更多的精力。因此，解决多目标优化问题是一个非常具有科研价值和实际意义的课题。

随着人类认识世界和改造世界范围的拓宽，常规方法如评价函数法、分层序列法等，已经无法处理人们所面对的复杂问题，因此高效的优化算法成为科学工作者的研究目标之一。

自然界生物体通过自身的演化来适应周围的环境从而不断地向前发展，进化算法就是基于这种思想逐步发展起来的一类随机搜索技术，是对生物进化过程进行的一种数学仿真，是模拟由个体组成的群体的集体学习过程。进化算法的出现为那些难以找到传统数学模型的难题指出了一条新的出路，这对于多目标优化领域同样如此，因为进化算法具有求解多目标优化问题的优点，受到了相当大的关注，这就形成了一类新的研究和应用，称为多目标进化优化。

应用 ANSYS 软件 DesignXplorer（DX）模块可以有效开展目标驱动优化（GDO）工作，如图 7-33 所示为 ANSYS 多目标优化模块。

实现一个好的设计点通常意味着要在各个目标之间做出权衡，并且不能仅通过使用导致单个设计点的直接优化算法来进行给定设计的探索，重要的是要收集有关当前设计的足够信息，以便能够回答所谓的"假设"问题，并以详尽的方式量化设计变量对产品性能的影响。这样，即使在设计约束发生意外变化的情况下，也可以基于准确的信息做出正确的决策。

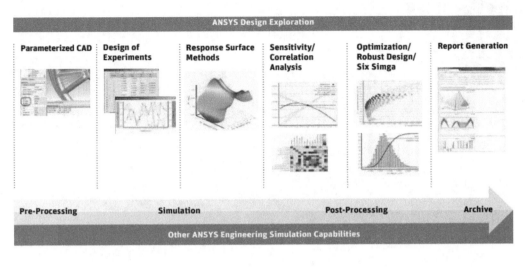

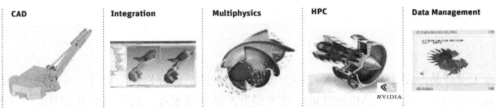

图 7-33 ANSYS 多目标优化模块

ANSYS DesignXplorer 通过结合使用"实验设计"（DOE）和"响应曲面"来描述设计变量与产品性能之间的关系。DOE 和响应曲面提供了利用仿真驱动产品开发所需的所有信息。当已知由于设计变量引起的性能变化时，很容易理解和识别满足产品要求所需的所有更改。一旦创建了响应曲面，就可以以易于理解的方式共享有关曲线、曲面、灵敏度和其他变量的信息，并且可以在产品开发周期中的任何时间使用它，而无须进行其他仿真来测试新的配置。

其中的优化选项包含有多种优化算法：多目标遗传算法 MOGA 和 NLPQL 非线性规划中的拉格朗日法。

 习 题

1）XMind 是一款非常实用的思维导图软件，应用了先进的 Eclipse RCP 软件架构，全力打造易用、高效的可视化思维软件，请从官方网站下载 XMind 并熟悉它的用法，使用它绘制某案例创成式正向设计方法的思维导图（自行架构）。

2）CAD/CAE 软件中有专门的拓扑优化模块，请列表写出市面上常用的软件拓扑优化模块。

3）结合材料优化案例说一下材料优化对于性能影响的主要方面。

4）试着结合 SolidWorks、API（.NET）、Grasshopper 等软件，操作本章学习到的设计方法。

第 8 章 增材制造案例分析

案例：数字化纹理设计——鞋模咬花解决方案

在工业产品的设计中，有需要在一个表面上添加凹凸纹理样式的设计。一般用于增加产品表面的摩擦力，改善产品机械性能，或者提升产品的美观度。鞋底的咬花就是非常典型的纹理，咬花设计兼具了增加摩擦力和提升美观的作用。传统的鞋模咬花制作是在整个模具完成以后，通过酸腐蚀的方法将凹凸的纹理样式刻蚀在金属模具上。传统鞋模咬花制作过程如图 8-1 所示。

| 3D建模 | 木质母模(CNC加工) | 硅胶模 | 石膏模 | 铸造金属模具 | 化学刻蚀咬花 | 带有咬花的金属模具 |

图 8-1　传统鞋模咬花制作过程

从上图中可以看到，CAD 软件设计出来的鞋子需要通过 CNC 加工制作出木质的母模，再将母模进行几次倒模后制作出金属鞋模。

随着增材制造技术在鞋模行业的广泛应用，不少鞋模厂都使用 3D 打印机来打印树脂材料的母模以替代原来的木模。随着数字化咬花功能的不断强大，3D 打印不仅能将母模外形打印出来，同时可以将咬花随着母模一起打印出来，直接避免了由于酸腐蚀过程产生环境污染的问题。

3D 打印出来的纹理称为数字化纹理。将纹理进行数字化也可以使纹理设计数据保存在计算机中，即设计人员在设计完鞋子外形后可以在同一台计算机中直接设计咬花，设计的安全性得到了大大的提高。数字化咬花制作过程如图 8-2 所示。

带有咬花的3D模型　　　3D打印带有咬花的模型　硅胶模　　石膏模　　铸造金属模具　带有咬花的
(3-matic纹理模块实现)　　　　(光固化)　　　　　　　　　　　　　　　　　　　　　金属模具

图 8-2　数字化咬花制作过程

1. 纹理的形成

导入到数字化咬花模块中的零件是 STL 格式的，当确定好需要贴纹理的表面以后，需要先在表面上生成 UV Map，用来确定将要生成纹理图案的大小和方向；然后将已经准备好的带有灰度的纹理图案贴在 UV Map 上。在软件中设定黑白部分对应偏移的参数，直接在零件表面生成带有凹凸纹理的 STL 数据，直接用于 3D 打印，其生成流程如图 8-3 所示。

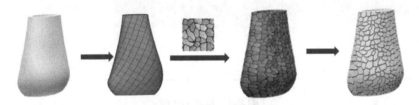

图 8-3　纹理生成流程

2. 使用 3-matic 生成纹理

1）导入样例零件，如图 8-4 所示；并通过标记工具，选定需要添加纹理的表面。

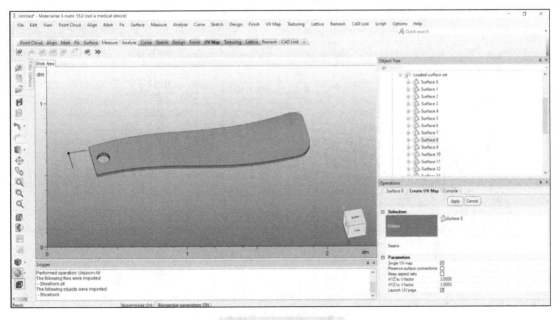

图 8-4　导入样例零件

2）通过 3-matic 中 UV Map 工具，对选中的面创建 UV Map，并根据实际需求，调整 UV Map 的尺寸、角度和位置，如图 8-5 所示。

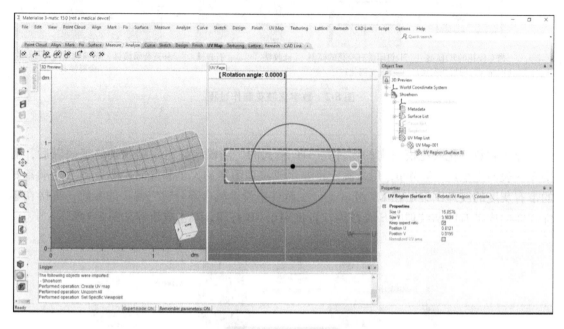

图 8-5　创建 UV 面

3）选择相应的纹理灰度图应用后，设置纹理三维参数 Black offset 和 White offset，确定纹理图中黑白部分对应偏移的尺寸，如图 8-6 所示，便可以生成凹凸的三维纹理图。

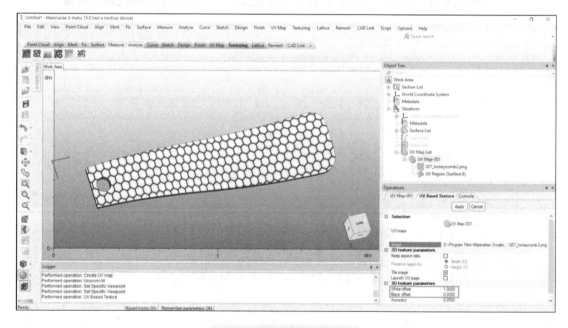

图 8-6　设置纹理三维参数

3. 批量化添加纹理

鞋子上添加纹理最大的难度是由于其有许多不连续的表面，例如在图 8-7 中，所有蓝色的表面需要贴同一种纹理，那么这些表面可以组成一个面组，一次操作流程就将所有需要贴一种纹理的面都贴好，这个过程为批量化纹理。

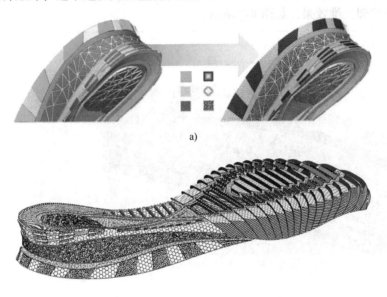

a)

b)

图 8-7 分割面批量化并添加不同纹理分组

1）导入鞋模三维模型。此鞋模在建模的时候已经对需要添加纹理的面进行分割，并添加好不同的颜色进行纹理分组，如图 8-8 所示。

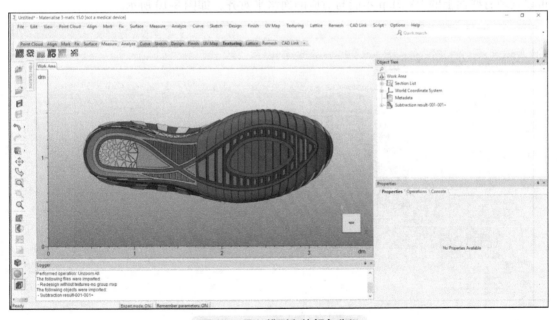

图 8-8 导入模型和按颜色分组

2）在 Surface 工具栏里，利用 group surface by color（按颜色对曲面分组）命令，将所有面按照颜色进行分组。

3）对不同颜色的面，创建对应的 UV Map，并调整 UV Map 尺寸，将对应纹理图片应用到 UV Map 上。针对纹理图案，还需要设置其 3D 参数 Black offset 和 White offset，并通过预览方式，检查纹理三维效果，如图 8-9 所示。

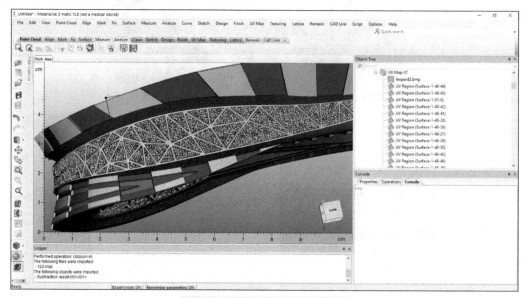

图 8-9　将纹理应用到 UV Map

4. 纹理对齐

1）选择鞋模上不规则的底面进行分组，并将其他面隐藏。创建好 UV Map 后，这时候可以发现有些面上的 UV Map 不能与对应的面水平对齐，如图 8-10 所示。

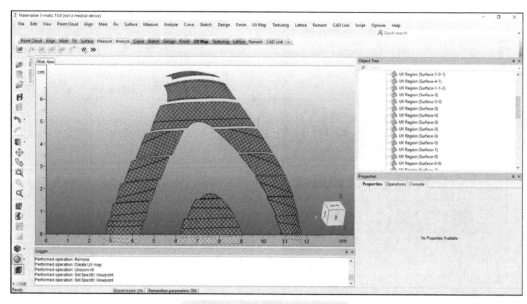

图 8-10　分组检测没对齐的面

2）利用 Align UV 功能，选择每个面相应对齐参考线，应用后所有的 UV Map 就可以对齐了，如图 8-11 所示。

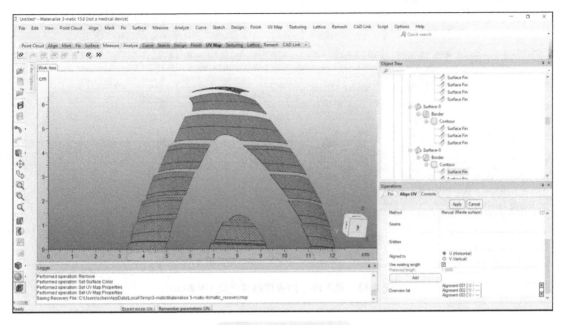

图 8-11　对齐 UV Map

5. 纹理渐变处理

对于零件上的边沿部分不希望其纹理与边沿有明显的突变时，需要在后处理加工时对零件或纹理做过渡处理，这时候可以对纹理进行渐变处理，如图 8-12 所示。

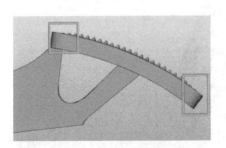

图 8-12　边沿处的纹理渐变处理

1）导入汽车踏板模型，选择需要添加纹理的面，并创建好 UV Map，如图 8-13 所示。

2）选择需要添加的纹理。在纹理工具中，利用纹理淡出工具 Texturing，设置纹理从边沿开始渐变的距离，可以看到图片变成了从四周向中间渐变的效果，如图 8-14 所示。

6. 生成参数化皮纹

如果需要生成仿真皮纹的表面纹理效果，可以利用 3-matic 中的参数化纹理功能。参数化纹理不需要预先设计纹理灰度图，能够通过设置参数的方法，生成不同的皮纹图样。参数化纹理可以避免纹理变形以及接缝问题，如图 8-15 所示。

1）利用鞋模文件，将需要添加皮纹的区域分离出来，并设置好 UV Map。

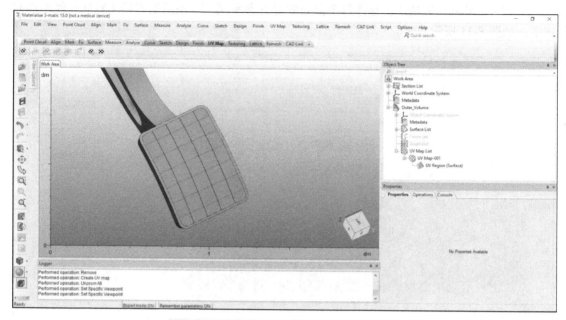

图 8-13   导入汽车踏板模型并创建 UV Map

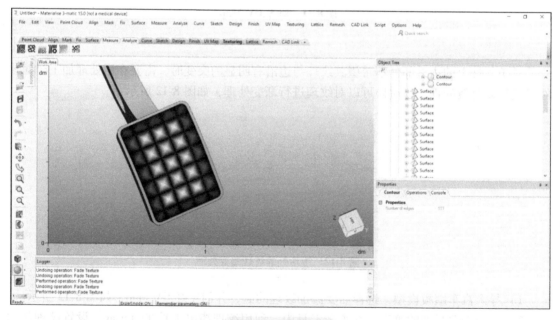

图 8-14   纹理淡出

2）选择 Texturing 工具栏中 Procedural Leather Texture，此时不需要选择纹理图片，调整相应的参数应用后，便可以生成相应的皮纹，如图 8-16 所示。

3）将添加皮纹的部分与原零件合并后，便可以将皮纹添加到鞋模上。

7. 鞋中底创成式正向设计

聚焦到某个领域（如 A）的设计环节，需要此领域（A）的基础知识、前沿知识和找到

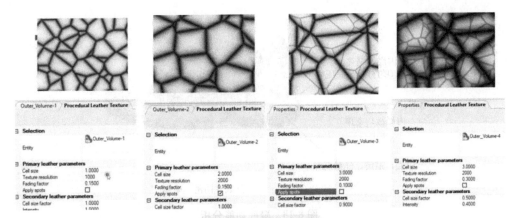

图 8-15　参数化皮纹

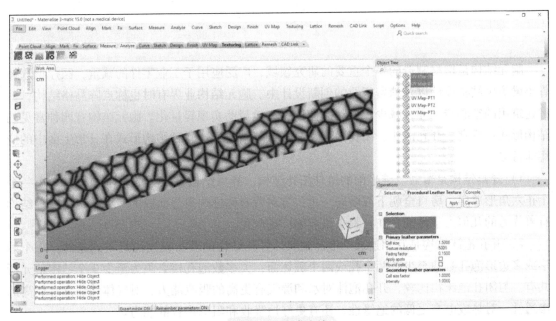

图 8-16　生成皮纹

适合的合作伙伴，鞋中底特别是运动鞋的鞋中底，具备承重、平衡、避震、稳定等力学功能，如图 8-17 和图 8-18 所示，因此需要先补充运动鞋鞋底设计领域的基本课程和相应知识。

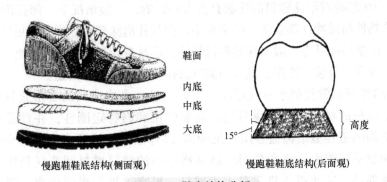

图 8-17　鞋底结构分析

内底、鞋垫：
均匀分布足底压力

内底板：支撑

中底：避震、能量反弹

外底：防滑、耐磨

图 8-18　鞋底功能分析

8.1　胞元结构

胞元结构是增材制造的一个重要的研究领域，广泛应用于工业零件的减重，医疗植入体骨小梁仿生结构设计以及消费行业的创新设计中。胞元结构业界有时也称点阵晶格结构，就像建筑用的空心砖一样，减少了材料的使用，有效帮助实现轻量化。胞元结构有四种常见的结构形式：蜂窝、开孔泡沫、闭孔泡沫和晶格点阵结构，这几种结构形式在日常生活中的应用非常多。

1）蜂窝结构是覆盖二维平面的最佳拓扑结构。蜂巢结构是蜂巢的基本结构，是由一个个正六角形单房、房口全朝下或朝向一边、背对背对称排列组合而成的一种结构。这种结构有着优秀的几何力学性能，在材料学科有着广泛应用。

2）开孔泡沫结构是互相连通的泡沫塑料。开孔结构的获得仅当满足下列条件：每个球形或多边形泡孔必须至少有两个孔或两个破坏面；大多数泡孔棱必须为至少 3 个结构单元所共有。与闭孔泡沫相比较，开孔泡沫对水和湿气有更高的吸收能力，对气体和蒸汽有更高的渗透性，对热或电有更低的绝缘性，还有更好地吸收和阻尼声音的能力。

对设计的影响方面，与蜂窝不同的是，开孔泡沫的设计更适合于刺激环境下（应力、流动、热），这些是不可预测的。作为吸收能量的"利器"，开孔泡沫适合用于复杂结构。开孔泡沫材料之间的互联互通，也使得流体流过该结构更顺畅。

3）闭孔泡沫结构对泡沫塑料的性能有重大的影响，一般情况下，闭孔泡沫塑料的力学强度较高、绝热性和缓冲性都较优、吸水性小，而开孔泡沫塑料较柔软，更富弹性，隔音良好。闭孔泡沫塑料除具有一般泡沫塑料特性外，还具有较低的导热性和吸水性，一般用作保温、绝缘、隔音、包装、漂浮、减震功能以及作为结构材料等用途。

4）晶格的外观非常类似于开孔泡沫，不同的是，晶格成员的变形是拉伸为主，而不是弯曲。晶格结构的材料特点是重量轻、高强度比和高特定刚性，并且带来各种热力学特征。晶格结构的超轻型结构适合用在抗冲击/爆炸系统，或者充当散热介质、声振、微波吸收结构和驱动系统中。波音公司就将晶格结构的超轻增材制造材料用于飞机墙面和地板等非机械部件，这使得飞机重量大大减轻，提高飞机的燃油效率。因为晶格结构的独特特性以及低容量，使晶格结构与功能部件的设计结合被证明是增材制造发挥潜力的优势领域，如图 8-19 所示，晶格受力分析如图 8-20 所示。考虑到电路或者电磁影响的结构会更为复杂，如半导体放电管的版面设计上的多元胞结构版图等，这一类就需要特定的研究模型和具体分析。

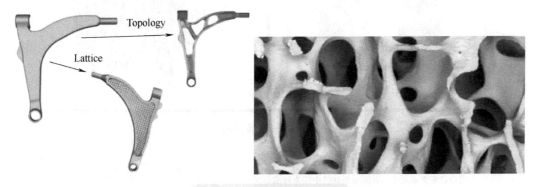

图 8-19　晶格有减重的优势

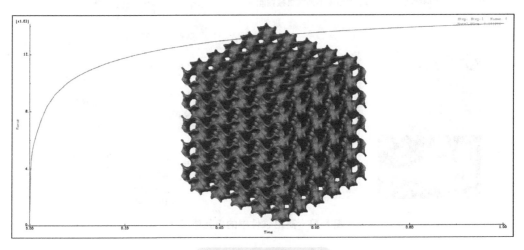

图 8-20　晶格受力分析

胞元结构的前三种形式工艺上比较好实现，如蜂窝纸板的纸芯可以拉伸定型；蜂窝铝板的铝芯可以辊压成型，然后胶合；开、闭孔泡沫结构都有比较成熟的发泡工艺。

对于点阵结构传统制造的加工方式不太适用，这个时候就需要全新的增材制造方法。点阵结构具有质量轻、强度高的特点，还能减震、吸能、隔热、降噪，非常适合模拟人类骨骼，所以医疗中通常用于人造骨骼。

胞元结构在未来还需要深化研究设计与工艺的结合性、弹性模量等尺寸效应、接触差异性、宏观变形、尺寸公差放大化、增材制造特性（重力场）对细胞结构不同方向的影响问题等，仿真分析如图 8-21 所示。

很多工程软件，如 Materialise 3-matic、Abaqus 的 ATOM 模组、nTopology 等软件都可以实现多类型胞元的设计。软件中的单元体库如图 8-22 所示。

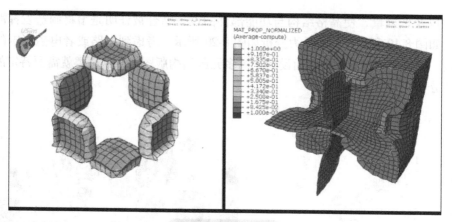

图 8-21　仿真分析

▶ 3-Matic里提供了大量标准的单元体库。同时，用户可以自定义单元体，并添加至软件中作为标准单元体

▶ 不同的形状的单元体为零件带来不同的机械性能

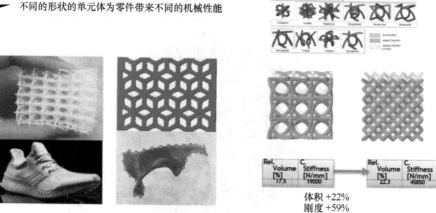

体积 +22%
刚度 +59%

图 8-22　商用软件中的单元体库

8.2　轻量化点阵设计——基于 3-matic 晶格结构设计

在本案例中，将点阵设计应用于鞋子中，分别阐述 3-matic 和 nTopology 的设计方法，启发读者理解其中参数化设计的共性，从而引出 3-matic 中不同的晶格设计工具和设计方法。该设计方法可以应用于不同的行业设计中。如图 8-23 所示是 Adidas 第一代的 3D 打印鞋底，该鞋底利用了 3-matic 点阵晶格填充功能，配合相应的材料和点阵填充比例设置，令鞋底具有足够的弹性，同时保证足够的强度。

1. 单元包阵列

单元包在 3-matic 里是基于 Graph——由点和线构成的晶格结构。这种单元包有非常大的设计自由度，可以自定义长、宽和梁的粗细。3-matic 提供了多种晶格结构元件库，如图 8-24 所示，用户也可以在 3-matic 或 CAD 软件里自行设计针对特定应用的单元包。

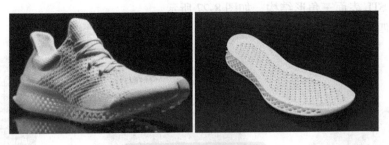

图 8-23 鞋中底晶格结构

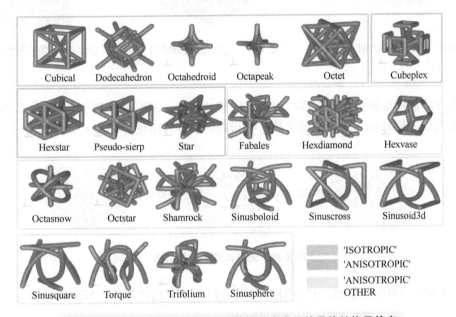

图 8-24 3-matic 和 Grasshopper 等软件中常用的晶格结构元件库

2. 单元包的生成

有以下几种方式：

1）直接填充零件，可以选择是否保留零件外表面，如图 8-25 所示。

图 8-25 对比保留零件外表面与否

2）随机结构。单元包的设计采取不同的随机比例，如图 8-26 所示。

3）基于 STL 表面三角形结构，如图 8-27 所示。

4）基于四边形的结构，如图 8-28 所示。

  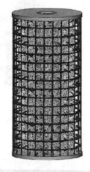

图 8-26　不同随机比例对比　　　图 8-27　表面三角形结构　　　图 8-28　四边形的结构

3. 随形点阵设计

随形点阵能够保证单元包在零件表面有完整的包络。随形点阵基于 UV Map 生成，并且可以定义包络的层数和方向等多项参数，有很高的设计自由度，如图 8-29 所示。

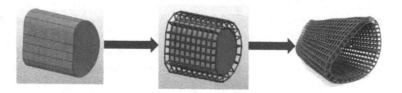

图 8-29　随形点阵的完整包络

1）导入鞋的模型，该模型已经对面完成分割，并且已经把 UV Map 创建好，如图 8-30 所示。

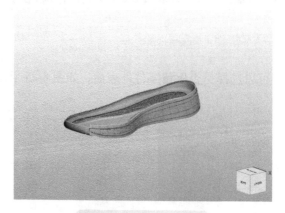

图 8-30　创建 UV Map

2）导入图 8-31 所示类型的单元包。

3）有了以上 UV Map 的边界条件后，将点阵填充进去，就可以生成随形包络的单元包点阵，如图 8-32 所示。

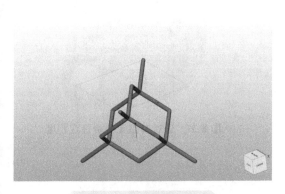

图 8-31 选择类型单元包

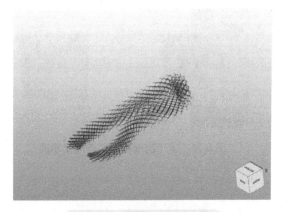

图 8-32 点阵填充随形包络

4. 点阵结构连接和缝补

当生成点阵结构后，部分点阵结构梁可能没有缝合，这时候可以利用 3-matic 工具对点阵结构梁进行编辑、连接和缝补，包括：

1）连接图形，即对两个分离的点阵进行连接，如图 8-33 所示。

2）连接节点，对点阵上的节点进行连接，如图 8-34 所示。

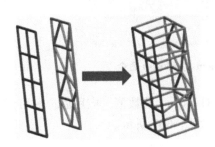

图 8-33 连接图形

图 8-34 多类型节点连接操作

3）缝补是通过移动已有点阵上的节点，完成两个点阵之间的连接。

5. 设定点阵梁单元粗度

点阵梁单元粗度可以通过以下三种方式赋值：

1）线性赋值：可通过定义点阵梁单元的最小值和最大值，并拖动节点改变不同区域的点阵梁单元粗度，如图 8-35 所示。

2）基于图片控制点阵的粗度：根据导入图片的灰度值，定义梁单元的粗度，如图 8-36 所示。

3）基于有限元分析结果。3-matic 可以根据有限元软件分析后的结果，更改点阵梁单元的粗度，如图 8-37 所示。

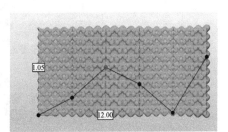

图 8-35 拖动节点改变粗度

在鞋子的案例中，可以利用线性赋值的方式，对点阵梁单元粗度进行线性赋值。

1）通过 Linear Gradient Thickness 命令，选定基准面和方向，如图 8-38 所示。

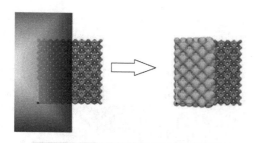

图 8-36　基于灰度值定义点阵梁粗度

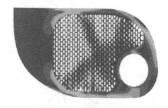

图 8-37　通过有限元分析确定粗度

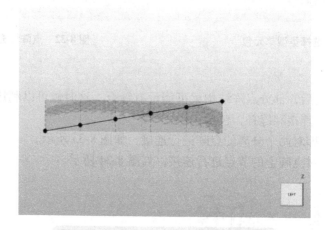

图 8-38　Linear Gradient Thickness 命令

2）设定好 Minimum Thickness 和 Maximum Thickness 的数值，应用后，便可以对鞋的鞋头和鞋跟部分点阵梁单元的粗度进行线性分布，如图 8-39 所示。

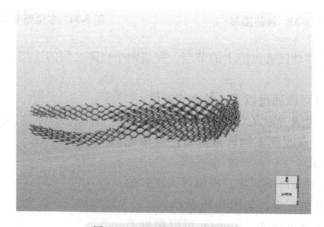

图 8-39　通过厚度确定粗度

3）将点阵转化为 STL 格式过程中，可以将连接点生成有机连接，也就是把点阵的连接处的锐角变成有弧度过渡的情况。在软件中选中点阵，在 Mesh Type 中选择 Organic 选项，这样生成连接点有机结合的效果，如图 8-40 所示。

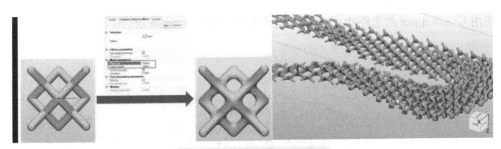

图8-40 生成连接点的效果

6. 分面

3-matic 是一个强大的 STL 编辑工具，当需要对零件不同部分添加不同的点阵结构时，需要在软件中对零件进行分面处理。软件提供了多种分面工具。

1）通过标记三角面片来进行分面。3-matic 有不同的标记三角面工具，可以将一个连续的面标记并分离出来，如图 8-41 所示。

2）通过绘制曲线，将不同的面分开，如图 8-42 所示。

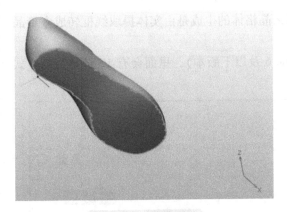

图8-41 分面操作1

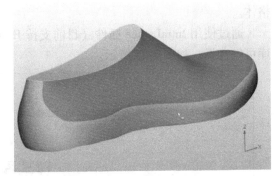

图8-42 分面操作2

3）利用包裹和布尔操作进行关键面提取，如图 8-43 所示。

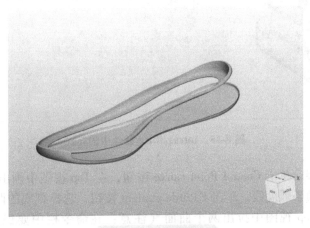

图8-43 关键面提取

使用 Grasshopper 的思路也可以做出点阵效果，如图 8-44 所示。

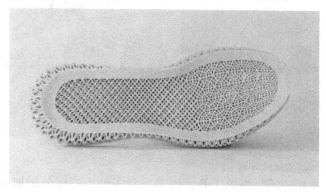

图 8-44　使用 Grasshopper 做出的点阵效果（选自 "3D 科学谷"）

普遍意义上鞋的中底结构设置在鞋子的大底与鞋垫之间，其特征在于：该中底由第一部分及第二部分所组成，第一部分与第二部分具有相同材质，但具有不同的密度，使第一部分的硬度小于第二部分的硬度。

流形的鞋中底是经过拓扑优化的晶格，那么晶格体的生成是由实体提取线框转成多管晶格体。

通过使用 IntraLattice 插件（目前支持 Rhino 6 及以下版本），里面会有 10 种类型的样式库可供选择。如图 8-45 所示。

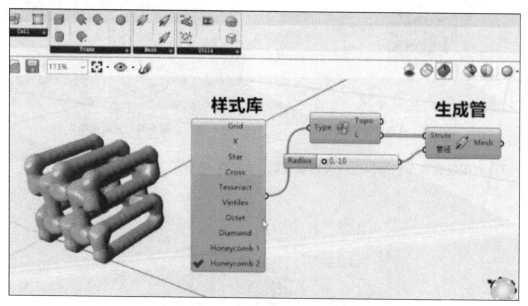

图 8-45　IntraLattice 插件中的样式

选择辅助线图层，单击 Control Point Curve 按钮，在 Top 视图中画出鞋垫样图，在 Front 视图中画出鞋垫的两条弧度线。单击 Exturde straight 按钮，选择鞋底的两条弧度线，右键单击 "确定"，转到 Top 视图中拉出两个曲面（注意：在命令栏中要保证 BothSides 选项为 Yes），单击 Project to surface 按钮，选择鞋底样条曲线，右键单击 "确定"，再选择两个曲面，再确定，即把鞋底样条曲线投射到这两个曲面上，如图 8-46 所示。单击 Trim 按钮，选择投影曲线，确定后单击曲面位于投影曲线外面的部分，修剪掉多余的曲面。单击 Loft 按钮，依次选择两条投影曲线，确定后再选择所有的生成曲面，单击 Join 按钮，这时鞋底的主要形状就出来了，为了美观，可以对其边缘进行倒圆角（Fillet Edge）操作。圆角的半径并没有严格规定，只要协调就行。

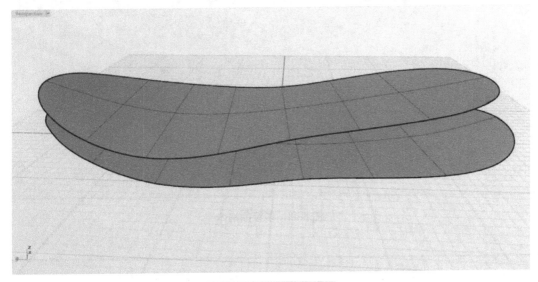

图 8-46　曲面投影操作

Conform Surface-Surface 运算器方便将样式库按照曲面 U-V-W 三方向进行阵列，如图 8-47～图 8-51 所示。

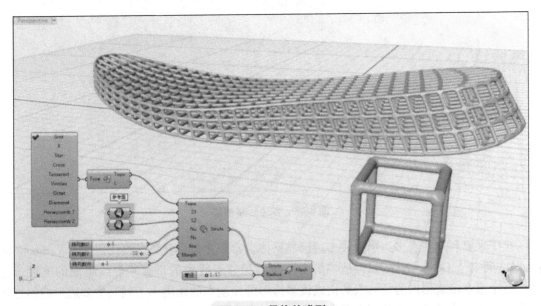

图 8-47　晶格的成型

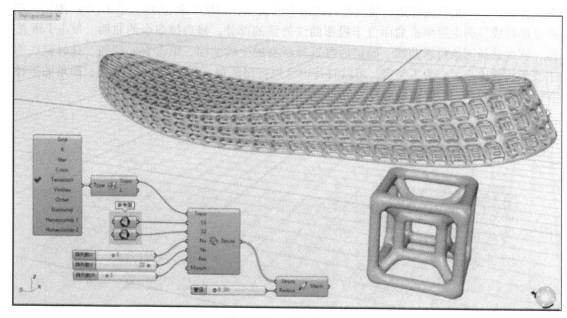

图 8-48　多管晶格体

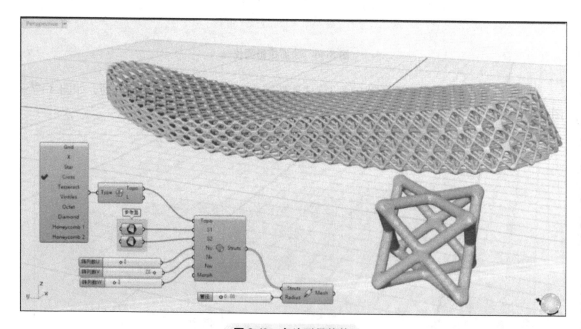

图 8-49　多边形晶格体

　　接下来要利用泰森多边形生成多边形晶格体，泰森多边形又称冯洛诺伊图（Voronoi diagram），得名于 Georgy Voronoi，是一组由连接两相邻点线段的垂直平分线组成的连续多边形。一个泰森多边形内的任一点到构成该多边形的控制点的距离小于到其他多边形控制点的距离，由于这个特点内用到了力平衡，在仿生学和数学优化中，泰森多边形有很多应用，如图 8-52 所示。

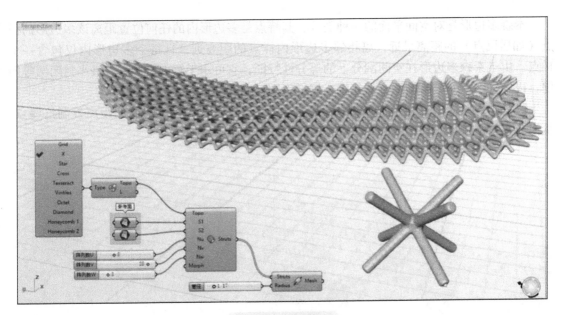

图 8-50 棒杆星形

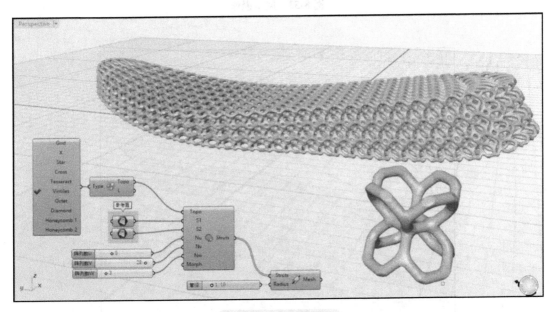

图 8-51 曲面晶格体

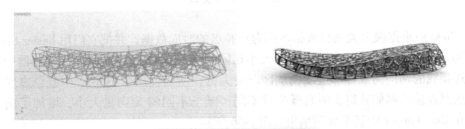

图 8-52 生成泰森多边晶格体

泰森多边形是对空间平面的一种剖分，其特点是多边形内的任何位置距离该多边形的样点（如居民点）的距离最近，离相邻多边形内样点的距离远，且每个多边形内仅包含一个样点。由于泰森多边形在空间剖分上的等分性特征，它可用于解决最近点、最小封闭圆等问题，以及许多空间分析问题，如邻接、接近度和可达性分析等。

其基本思路如下：获得曲面的 UV 点，然后在一个平面，按点的彼此距离复制这些点，从而获得展平效果。如图 8-53 和图 8-54 所示。

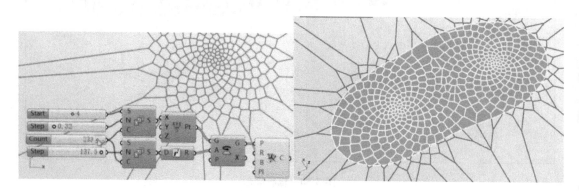

图 8-53　展平操作

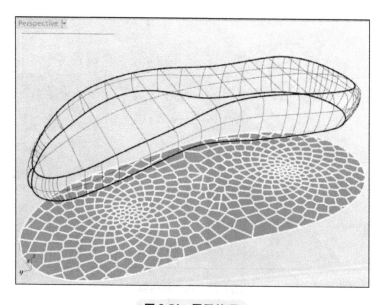

图 8-54　展平处理

在 Rhino 中根据映射关系将数据转换为点和点的对应数据，并把它们用 Besier Span 运算器连接起来。特别需要注意的是，使用大小相同的 X 向量作为 Besier Span 运算器中各映射点间的连接线的切向向量容易造成曲线区分度太低，所以使用了图 8-55 中蓝色虚线部分的做法，按照连接线两侧映射点的高低位置不同，赋予不同的 X 向量大小，增加了曲线的区分度。在 Grasshopper 中展平处理结果如图 8-56 所示。

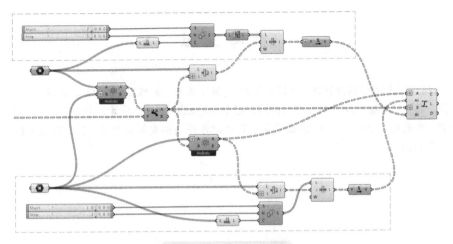

图 8-55　基本映射操作

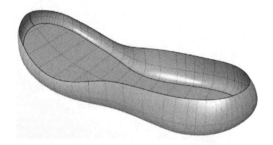

图 8-56　在 Grasshopper 中展平处理

参 考 文 献

［1］田锋. 智能制造时代的研发智慧：知识工程 2.0［M］. 北京：机械工业出版社，2017.

［2］张盼盼，蒋正清. 基于 3D 打印云平台的旅游纪念品开发设计［J］. 设计，2015（4）：20-21.

［3］何正嘉，曹宏瑞，訾艳阳，等. 机械设备运行可靠性评估的发展与思考［J］. 机械工程学报，2014（02）：171186.